U0158505

开敞式商业街设计

吴京海 —— 编著

Design Principles

for

Open Commercial

Street

广西师范大学出版社
·桂林·

图书在版编目 (CIP) 数据

开敞式商业街设计 / 吴京海编著 . —桂林：广西师范大学
出版社，2022.7
ISBN 978-7-5598-4911-3

Ⅰ . ①开⋯ Ⅱ . ①吴⋯ Ⅲ . ①商业街－建筑设计
Ⅳ . ① TU984.13

中国版本图书馆 CIP 数据核字 (2022) 第 059642 号

开敞式商业街设计
KAICHANGSHI SHANGYEJIE SHEJI

策划编辑：高　巍
责任编辑：季　慧
装帧设计：六　元

广西师范大学出版社出版发行

(广西桂林市五里店路 9 号　　邮政编码：541004)
(网址：http://www.bbtpress.com)

出版人：黄轩庄
全国新华书店经销
销售热线：021-65200318　021-31260822-898
凸版艺彩（东莞）印刷有限公司印刷
(东莞市望牛墩镇朱平沙科技三路　邮政编码：523000)
开本：787mm×1 092mm　　1/16
印张：12　　　　　　　字数：120 千字
2022 年 7 月第 1 版　　2022 年 7 月第 1 次印刷
定价：128.00 元

如发现印装质量问题，影响阅读，请与出版社发行部门联系调换。

● 前言

随着国内商业地产近二十年的迅猛发展，国内开发商借鉴国际经验，结合国内实际商业环境，成功开发了众多的商业项目。但可以看到这些商业项目开发的关注点，更多的是在城市核心地带的大型室内封闭空间形式的"购物中心"（shopping mall）一类的商业建筑形态，如华润置地商业地产系列产品万象城、五彩城、欢乐颂，龙湖商业地产的系列产品天街，星河集团商业地产的 COCO Park、COCO City，万达集团的万达广场、万达茂等，而龙湖商业的星悦荟、星河集团商业的 COCO Garden 的空间形态已然是开敞式商业街建筑形态，只是建设数量很少。这些购物中心地产项目的成功开发给国内消费者提供了前所未有的消费新体验，填补了城市大型商业的空白，很多大型购物中心的特色设计确实给消费者带来了极大的视觉冲击和独特体验，从而大大提升了消费者的消费水平及城市形象，对促进区域的经济发展起到了积极的作用。

在借鉴国际的成功经验的同时，我们也要注意发达国家商业地产开发的失败教训，尊重商业市场发展的客观规律，吸取国外盲目"造 Mall"出现的失败和衰败的经验教训，不能一味地贪大求高，或是简单地复制。

商业建筑多种多样，服务层级也应各有不同。封闭型的购物中心是商业建筑形态的主要表现形式之一，而外向型的开敞式商业街也是典型的商业建筑形态之一。从国内商业地产发展进程看，外向型的开敞式新商业街开发和设计尚且处于初级阶段，但上海新天地、北京三里屯太古里南区、成都远洋太古里开敞式商业街都得到了社会的广泛认同，不仅拓宽了人们对新建商业建筑形态的眼界，也提升了人们对商业建筑新的认知。这些地方成为当地的城市生活"打卡地"，同时也为新的不同层级商业地产开发，特别是为居住区商业空间开发提供了更为广泛的借鉴。

开敞式商业街作为一种典型的商业建筑形态，应通过对消费者消费行为的分析，合理规划设计总平面的商业动线及合理的商业业态布局，通过把控建筑设计的空间尺度、建筑形态及商业环境，为商家、消费者提供一个相互吸引、体验愉悦的休闲消费场所，使开敞式商业街成为人们向往的城市生活"打卡地"。

本书着重分析开敞商业街建筑设计中的共性问题，通过运用一般性的原理，说明开敞式商业街规划设计中的具有普遍性和规律性的设计问题，希望让建筑学专业的学生或初学商业建筑设计的青年建筑师了解开敞式商业街设计的基本规律，同时也提出了商业建筑设计的一些技术设计要点，以及与开敞式商业街设计紧密相关的商店设计、标识设计、环境设计要点等，引导学生和青年建筑师在商业建筑设计中加强对投资者、开发商、运营商、经营者及终端消费者的利益平衡关系的考量，在设计中更多地考虑开敞式商业街的社会性。希望能够借助本书，为建筑学专业学生或青年建筑师提供一个关于开敞式商业街项目设计的较为完整的结构框架，提升学生及青年建筑师的实践应用能力，更好地无缝对接开敞式商业街项目的工程设计实践，缓解教学与实际工程设计脱节的问题。

最后，对参与编写或提供图片的吴雪君、吴俊辰、白龙龙、季泓、李左亭等人表示由衷的感谢。

吴京海

● 目录

CHAPTER

1

第 一 章

商业的基本概念

相对于过去对商业略显狭隘的认知，在现代的城市生活中，商业被赋予更为宽泛的理解，它包含了零售、餐饮、文化娱乐、健身、儿童教育等一系列多样的消费行为。这些消费行为都有其自身的规律，因此在商业建筑的规划与设计前，应对商业活动的基本行为有所了解，让商业建筑设计中的空间组织、业态布局、商业环境更能满足人们的消费需求和消费心理，使得整个消费过程成为一个愉悦的体验过程。

1.1 消费行为的特点、需求

1.1.1　消费行为

在一个完善的商业经济中，零售是一个商家以标价方式将商品存货卖给希望购买的消费者的过程，如消费者购买食品、卫生用品、服装、家具等。消费者会定期或不定期地回购这些商品，商家会提供消费者喜爱的品牌产品、合理的价格以及服务所需的良好环境，消费者只需步行或使用交通工具即可选择去他们喜欢的消费场所，而这些商店或商业中心等便逐渐成为消费者生活的目的地之一。

虽然家庭必须以一定频率购买如食品这一类基本生活消耗品，但如衣物、家具等很多零售商品尽管也是维持基本生活必不可少的一部分，却不一定需要定期购买。而且由于种种原因，人们甚至可能会推迟或放弃购买它们。在很多情况下，人们对家具等的使用会持续较长的时间，但这也不能代表人们内心不愿意消费。面对这个现象，零售行业会通过不断地更迭产品外观、拓展产品性能、研发新品等多种手段来吸引消费者购买他们可能需要但并非马上需要的商品，还会用广告、媒体、娱乐产业和名人效应等制造和推广"新趋势、新潮流"的方法来不断地推动和提升消费。人们在这种非理性的心态下会产生不确定性的消费，就如消费者在购买手机时买了苹果手机，但"苹果"并非其必须选择的手机品牌是一样的道理。这种消费行为并不一定是理性的和有明确目标的，可称之为"随机性消费"。

随机性消费

为了保持竞争力和经济可行性，经营者必须跟上这些"新趋势、新潮流"，通过不断地提升、更新品牌特色、产品风格以及商业环境等来吸引顾客产生更多的"随机性消费"。由此可以看出，实体零售商业项目非常在意产品形象和商业环境的营造，对于零售商业来说，"形象就是一切"。

有些消费行为，比如，人们在生活中频繁往返于超市购买基本生活用品，一般不会受到外界影响，这种是目的性非常明确的购买。

还有一些事先计划或目的单纯的消费行为，如去餐厅聚餐、约朋友看电影、到健身房健身、唱卡拉 OK 等，这与那些可以逛而不消费的零售商店不同，消费场所相对固定，业态单一不变，此类消费往往是一种体验过程。

上面这些事前计划、目的单纯、场所相对固定的消费行为，可称之为"目的性消费"。

在对商业建筑进行业态布局时，要充分了解和考虑"目的性消费"和"随机性消费"行为的特点，如果考虑不周，对未来商业经营会产生非常不利的影响。

另外，面对当下消费者快速变化的需求和正在蓬勃兴起的电子商务，整个零售商业也在经历大的变革，很多零售产品将会更多地转移到线上销售，这对线下实体零售业产生了直接的威胁和冲击。因此，新的实体零售商业项目也会越来越多地吸纳非零售业态入驻，重塑实体商业环境，满足客户当下越来越高的需求。实体零售商业不但开始引进娱乐设施和更多餐饮业态，也会进一步考虑将社区书馆、共享空间、医疗中心、教育、健身、历史遗迹、旅游景点等设施纳入商业环境规划设计中，使得整个商业具有更丰富的业态，更具有人文气质，更具有沉浸式空间体验感。

面对"网购"的不断升级和扩大，餐饮、休闲娱乐、公共服务这些非零售业态与零售商业的结合、线下线上零售的结合，将成为实体零售商业开发的新趋势。

目的性消费

1.1.2　商业物业产权

商业项目开发中物业产权用于销售或自己持有一直是国内开发商最为纠结的事，物业产权的"销售"与"自持"意味着对投资的回报模式、未来物业管理权的属性和运营的管理模式的选择。如何平衡商业项目开发过程中投资者、开发商、运营商、经营者及终端消费者的利益是物业产权选择需要考虑的重要和关键因素，这将决定未来商业运营的话语权。因此，商业项目

物业的产权模式选择是商业地产开发的关键问题

开发中物业的产权选择极其关键，是商业项目成功开发的基础。

● 销售型物业

开发商将物业产权拆分销售和出让，可实现开发投资的短期套现，减轻开发投资的资金压力，但对未来运营将失去自主权。销售型开发最大的风险就是对商业的定位、业态的布局、经营的策略等都不可能实现统一的策划，因为物业产权未来不属于自己。因此，在这种产权模式下，商业项目的成长与发展是不可控的。

● 自持型物业

物业产权不销售和出让，属于开发商自身持有，经营以租为主。这种模式收益最大，未来运营也可获得较多的流动资金，但回收资金较慢，需有较强的资金支撑，同时开发商应具有较强的商业策划、招商、运营的能力和较多的经验，这是最为成熟的模式，也是最易成功的模式。国内的华润置地、银泰商业、龙湖商业、香港太古地产、香港瑞安集团，以及国外的凯德置地等都属于这类具有商业项目开发能力的著名企业。

自持型物业被证明是最为成功的商业开发模式之一

● 租售结合的物业

商业项目主要以自身持有物业为主，仅销售小部分商业面积的物业产权。这些被销售出去的物业产权可以快速回笼资金，适度平衡开发商的资金压力。这种模式对未来主要经营的部分仍然可控，在经营中经常以出租给主力店部分的良好效应带动和控制整个商业项目的运营，降低经营风险。但在这种模式下，因为主力店较为强势，租金收入可能会低一些。而销售出去的物业的运营管理会受限，对商业整体运营有一定影响。

资金实力不足的开发企业可能采用租售结合的模式

● 商家联营的物业

开发物业与知名商业企业结成战略联盟，通过"先招商，后开发"来确保未来运营的成功。这种模式分散了项目开发、招商、运营过程中的资金压力，通过联营各方发挥自身企业优势来实现项目的成功。但与联营商家合作的条件往往苛刻，未来收益也需要合作各方合理分配。万达集团、华润置地等作为商业企业，当下也在走这种输出管理的轻资产模式。

●产权证券化的物业

将商业物业产权投放到资本市场,可以解决“长期自己持有”产生的资金困难，如房地产投资信托基金（REITs）。但由于我国境内还没有公开上市的REITs产品，因此不管直接投资还是通过QDII（合格境内机构投资者）间接投资，投资者都可能面临其他境外投资的特定风险,主要包括汇兑风险、外汇管制风险、境外税法风险等。

1.1.3 消费要面对的挑战

面对未来复杂的商业环境，商业项目运营总是会受到无数非自身可控因素的影响和挑战，如：

◆ 消费者的消费意向和消费行为会受到众多情感和经济变化的影响，导致消费意愿的反复；

◆ 消费者日常繁杂的生活安排、社会经济的滞后、消费时尚的变迁、新的竞争出现、交通堵塞、犯罪，以及属地、国家或国际事件等都会导致商业环境的急剧震荡或变化；

◆ 电子商务的迅猛发展实现了消费者追求“更方便”的消费新体验，为线上提供了更多新的零售方式的可能，也给线下商业实体店造成了实质性的冲击（图1-1-1）。

网购		进店
60%	书籍/音乐/电影/视频游戏	28%
39%	玩具	37%
43%	电子产品与电脑	51%
36%	运动器材/户外用品	44%
37%	健康与美容（化妆品）	47%
40%	服装和鞋类	51%
32%	珠宝首饰/手表	49%
33%	家用电器	56%
30%	自制/改装家居产品	52%
30%	家具及家居用品	59%
23%	杂货	70%

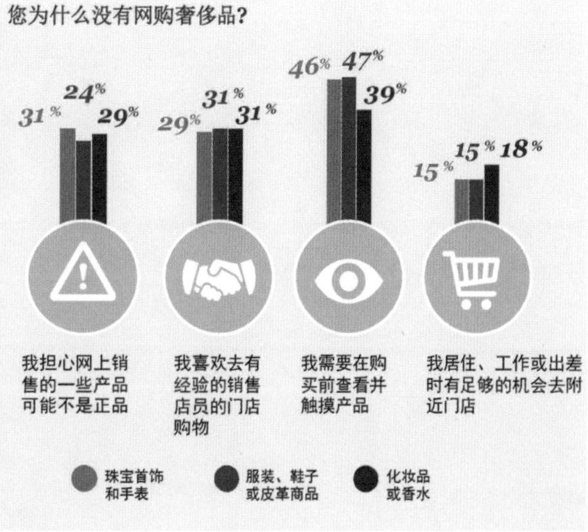

图1-1-1 网购和实体店购买的变化调查图（普华永道2017年全零售调查）

实体商业必须要对不断变化的消费趋势和需求做出快速的反应，同时还要不断抵御新的竞争。因此，实体商业需要依赖已被证实的有效方法和技术的运用将风险最小化，并从他们的投资中获得更高的市场回报率。

成功的商业还必须注意和研究他们服务的目标人群对商业环境体验的新需求和更喜欢什么样的购物文化。购物环境的所有要素，包括灯光、色彩、商品展陈、设施和音乐等，都必须经过精心规划和设计，以满足顾客的期望，并吸引顾客在商业环境里停留更多的时间，从而产生更多消费的意愿。

由上述分析可以看出，商业项目开发与办公、住宅、酒店等类型的项目开发有很大的不同，从开发到以后的运营一直伴随着各种各样的挑战，而且新的未知的挑战还在不断地变化和出现。所以，商业项目开发和管理依然是所有房地产开发类别中最具风险的一种。

商业项目是房地产开发项目中风险最大的一种

1.2　商业的分类

1.2.1　国内分类

●按建设规模分

根据我国《商店建筑设计规范》JGJ 48-2014 条文 1.0.4 的规定，商店建筑的规模应按单项建筑内的商店总建筑面积进行划分，见表 1-2-1。

表 1-2-1　按商店总建筑面积划分的商店建筑			
规模	小型	中型	大型
总建筑面积（m²）	< 5000	5000 ~ 20 000	> 20 000

●按商业零售业态分

根据我国《零售业态分类》GB/T 18106-2004，零售业态是指零售企业为满足不同的消费需求进行相应的要素组合而形成的不同经营形态，从总体上可分为有店铺零售业态和无店铺零售业态两类。有店铺零售业态可以分为以下 12 种：

◆ 食杂店（traditional grocery store）；

◆ 便利店（convenience store）；

◆ 折扣店（discount store）；

◆ 超市（supermarket）；

◆ 大型超市（hypermarket）；

◆ 仓储式会员店（warehouse club）；

◆ 百货店（department store）；

◆ 专业店（specialty store）；

◆ 专卖店（exclusive shop）；

◆ 家居建材商店（home center）；

◆ 购物中心（shopping mall）；

◆ 工厂直销中心（factory outlets center）。

1.2.2　国际分类

国际购物中心协会（ICSC）亚太区将商业业态分为以下 11 种类型：

国际 ICSC 商业分类

◆ 大型购物中心（mega-mall）（服务于城市级的大型商业设施，服务半径可以是整个城市）；

◆ 大型区域商业中心（super-regional shopping center）[服务于地区级的大型商业设施，如华润置地的万象城（图 1-2-1）、龙湖商业的天街和星河集团的星河 COCO Park]；

图 1-2-1　上海华润万象城购物中心，占地面积约 240 000m²

◆ 区域商业中心（regional shopping center）[服务于某个城市中的区域级的中型商业设施，服务半径可以是城市中的某个区域，如华润置地的万象汇（图 1-2-2）、龙湖商业的星悦荟和星河集团的星河 COCO City]；

图 1-2-2　山东日照华润万象汇购物中心（图片来源：华润日照万象汇）

◆ 邻里商业中心（neighborhood shopping center）[如
华润置地的欢乐颂（图 1-2-3）和星河集团的惠州星
河 COCO Garden]；

图 1-2-3　成都华润欢乐颂购物中心

◆ 专卖店（specialty center）；

◆休闲、娱乐中心（leisure/entertainment center）（其中餐饮占地面积为 50%）；

◆ 实力购物中心（power center）（包含大型连锁商店、仓储式商店、仓储式会员店等组合商业中心）；

◆ 奥特莱斯（outlet center）（制造商和零售商以折扣价销售品牌商品的折扣店，餐饮占地面积为 20% 左右，一般位于城市边缘，如首创置业的奥特莱斯综合体）；

◆ 专营店（single-category center）（专营 IT 产品店、家具专营店、花卉市场、古玩商店等）；

◆ 交通枢纽商业中心（major transport hub center）；

◆ 百货商店（department store）。

1.2.3　按城市规划分类

●街角小店

街角小店（corner store）是最小、最常见的零售商业形式的统称，通常可作为居住街坊的配套便民服务设施，800 ~ 1000 户家庭需要一个街角小店，服务 5 分钟步行距离生活圈内的居民。租赁面积 150 ~ 300m² 不等。可独立设置，也可与其他建筑合建，如有可能，可给商店提供阁楼和地下室以满足额外的商业要求。

这些小商店可作为满足附近居民、职工及过路人需要的烟酒店、食品店、水果店、花店、咖啡店和杂物店等。这些商店一般要进出方便，可提供临时停车位更好。

最具价值的街角小店的位置是在靠近街道、具有大量人流出入的区域（图 1-2-4、图 1-2-5）。例如，居住街坊的主要出入口、社区服务配套建筑、公园出入口或学校的附近。由于

图 1-2-4　国外街角小店实例

图 1-2-5　国内街角小店实例

规模小，街角小店一般只有通过延长营业时间（早开门，晚关门）的方式来提高销售额，获得更多利润。

● 便利中心

根据 ICSC 定义，便利中心（convenience center）提供个人服务和销售便利商品，类似于社区中心。内设至少三家主要商店，出租面积 930 ~ 2800m²。便利中心不是以超市为中心，它通常以一些个人或便利服务为中心，可设有小型超市。

便利中心商业的主要优势在于距离居住区较近，可以让时间紧迫的购物者在家的周边或回家的路上快速购物。像街角小店一样，便利中心的经营并不总是提供价格有竞争力的商品，而是专注于为购物者提供质量较好的、可以迅速购买的商品和服务。考虑到它们的规模和邻近居民的购买特点，这些商业不需要大型旗舰店或有品牌的主力店。

便利中心适于满足 5 ~ 10 分钟步行距离的生活圈内居民的日常生活需求。2000 户居民以上家庭消费需求可以满足一个便利中心的运营需要。便利中心也可以由一组零售店铺组成。

目前，我国并没有明确提出便利中心的概念，其更多地表现为"社区小型超市＋少量联排零售店铺"的形式（图 1-2-6）。从商业形态上来说已经可以形成开敞式商业街的基本形态。

图 1-2-6   国内便利中心表现形式实例

●邻里中心

根据 ICSC 定义，邻里中心（neighborhood center）销售方便商品（如食品、药品、杂物等）以及提供个人服务（洗衣、干洗、理发、修鞋等），以满足附近社区居民的日常生活需要。它以一个超市为主，可出租的面积约 5574m²。实际上，它的面积在 2787 ~ 9290m² 之间。

邻里中心适于满足 10 分钟步行距离的生活圈内居民的日常需求。5000 户以上家庭消费需求可以满足一个邻里中心的运营需要。邻里中心可至少以一个品牌超市为核心并结合一系列零售店铺。

在国内邻里中心往往以居住区集中商业的形态存在，由于建筑面积已经有了一定规模，商业的业态也较为丰富，不仅有居住区的相应配套，还会有餐饮、儿童教育、健身等业态的配置，但服务对象仍然主要以居住区的居民为主，所以一般以典型的开敞式商业街的空间形态为多（图 1-2-7、图 1-2-8）。

图 1-2-7　武汉纯水岸东湖东方里（图片来源：陈炫佐）

图 1-2-8　河北香河五矿万科哈洛小镇

● 区域中心

　　根据 ICSC 定义，区域中心（regional center）销售的是普通商品（包括大部分服装商品），并且提供全方位、多样化的服务，主要依托的主力店有传统商品、大众商品、折扣百货、时尚专卖店。典型的区域中心通常是室内街的形式，周边配有停车场。

　　区域中心适于满足 15 分钟以上步行距离生活圈内的居民的日常需求。17 000 户以上家庭消费需求可以满足一个区域中心的运营需要。区域中心往往由多个主力店，以及餐饮、娱乐设施和各种零售店铺等组成，商业的业态已经非常丰富，但商品往往属于"中档"，可能有少量的国际一线品牌入驻。区域中心为节省土地资源，往往与周边或地下相结合解决机动车停车问题，建筑规模一般在 45 000m² 以上，大型区域中心可达 180 000m² 或以上（图 1-2-9）。

　　在国内，典型的区域中心形态之一就是"购物中心"，商业的空间形态为内向型的室内空间。但也有部分项目被规划设计成开敞式商业街空间形态（图 1-2-10）。

图 1-2-9 北京华润五彩城购物中心

图 1-2-10 成都鹭洲里开敞式商业街

●生活方式中心

生活方式中心（lifestyle center）是包含一系列高档的零售专卖店，并结合餐饮、娱乐、休闲、健身等多种业态的大型商业。生活方式中心的商业开发与内向型室内空间形态的"购物中心"不一样，不仅建设规模较大，而且是一个外向型的商业形态，由多个单体建筑组成，室外空间丰富，是一个典型的开敞式商业街区，服务半径可至整个城市。

成功的生活方式中心的位置一般在城市核心区，占地较大，交通方便。由于核心区地价很高，因此主力店一般都是国际一线高端品牌，商业定位主要面向收入较高的人群。生活方式中心规划形态可以多种多样，也可以风格统一，没有固定的形制，典型的成功案例如上海新天地、北京三里屯太古里、成都远洋太古里等。这些地方都是开敞式商业街区的空间形态，已经成了城市的知名地标、城市生活的"打卡地"（图 1-2-11~图 1-2-13）。

大型商业并不一定全是室内购物中心的形态，也可以是开敞式商业街区形态

图 1-2-11 上海新天地

图 1-2-12 北京三里屯太古里

图 1-2-13 成都远洋太古里

●奥特莱斯

奥特莱斯（outlet center）是由众多零售品牌制造商直营店、折扣商店组成的，位置一般设在城市郊区，可供特定的服装、电子产品、礼品、家庭用品等制造商直接面向消费者销售，销售商品中包含很多折扣商品、积压商品、尾货商品，可满足高端品牌的制造商在低价销售商品的同时，不损坏其品牌形象的需求（图1-2-14）。

图1-2-14　天津武清奥特莱斯

当今，国内已建成的奥特莱斯全部是开敞式商业街区的空间形态，占地面积较大，一般不设地下室，全是采用地面停车，建筑形式上都带有特色风格，建筑层数大多是1～3层，但以2层建筑为主，为了吸引消费者，很多奥特莱斯也增设了许多娱乐设施。

由上述的商业分类可以看出，开敞式商业街的形态可以多种多样，适用于各种规模和各种需求的商业项目开发。另外，与历史文化结合、与文创结合、与购物中心结合的开敞式商业街等商业形态也在不断涌现（图1-2-15～图1-2-17）。

福建石狮世茂摩天城就是典型的"大型商业购物中心＋开

弹子石老街商业街形态传承着重庆
历史上水码头的文化

图 1-2-15　重庆弹子石老街

曲江创意谷商业与周边文创产业相
融合

图 1-2-16　西安曲江创意谷

幸福里体现了旧区改造的上海里弄
式开敞式商业街形态

图 1-2-17　上海幸福里

敞式商业街"开发模式,将两种商业形态的各自优势结合起来,
这种开发模式也将是未来商业项目开发的趋势之一(图1-2-
18)。

图1-2-18 石狮世茂摩天城

1.3 成功开发开敞式商业街十原则

当今，商业项目作为风险最高的房地产开发之一，将受到市场、人为、金融、社会等众多主观和客观因素的影响，开发商和建筑师都要有充分的考虑，把握好基本的原则。

●原则1. 优良的商业选址，紧密的环境联系

开敞式商业街项目选址极其关键，作为城市公共空间的一部分，应能够让更多的人们共享。人口结构及数量、交通条件、周边环境、人文要素等都是需要研究的重要因素。

●原则2. 准确的商业定位

商业定位必须准确，应仔细分析交通影响、消费人群、竞争要素、人文环境、区域发展等，明确分析项目优劣，精准确定项目开发的策略、目标及功能业态的布局。

●原则3. 良好的所有权与金融的融合方案

物业产权模式的选择、投资收益的目标、融资模式等直接关系到项目开发的财务平衡和未来运营管理的模式，均衡商业项目开发过程中投资者、开发商、运营商、经营者和终端消费者各方利益的方案是成功商业项目开发的重要基础。

●原则4. 智慧的商业策划和复合功能业态的配置

商业开发具有很强的社会性，成功的商业开发可以带动区域经济的发展，提升区域内人们的生活品质，活跃区域的社会生活。智慧的商业策划不仅需要考虑项目自身商业目标的实现，同时要考虑对区域社会的影响和贡献。

在满足基本功能的基础上，复合功能业态配置可以更好地抵御由随时变化的消费者、商业环境、社会环境引发的风险，

同时可以满足不同消费者的需求和预期。

● 原则 5. 优秀的规划设计，创造出一个持久和难忘的公共空间

　　开敞式的商业街规划与建筑设计，应考虑与周边环境有紧密而友好的边界关系，应给消费者提供一个可体验到更多层次丰富、印象深刻、心境愉悦、激动人心的商业空间，应是一个包含商业内涵、文化内涵、社会内涵的商业空间环境。

● 原则 6. 可持续发展的设计

　　商业项目的开发和运营成本很高，商家和消费者的各种需求又在不断地变化，因此，规划和建筑设计应秉持可持续发展的理念，合理规划设计能源方案，按照绿色建筑的思维设计商业建筑空间环境。

● 原则 7. 风险共担，资源和回报分享的理念

　　商业项目开发投资风险很大，需要投资者、开发商、运营商、经营者共同努力，合理平衡短期和长期的风险和收益，但成功的商业项目开发给参与各方带来的收益也将是丰厚的。

● 原则 8. 良好的招商、运营和管理

　　招商、运营和管理是商业项目的长期课题，商家需要不断地优胜劣汰，运营需要不断调整策略来适应各种变化，管理需要不断地提升，始终保持良好的、高水平的可持续发展状态。

● 原则 9. 保持灵活性、平衡短期与长期变化的发展

　　开敞式的商业街由多栋规模不同的建筑组成，单体建筑的改变与购物中心相比具有一定的优势和灵活性，但在设计时仍然要考虑更多的潜伏设计，满足商业短期要求和未来不断变化的需求，如结构的荷载、能源的使用、空间的布局等。

● 原则 10. 高质量地提供更好的便利和更多的活力

　　现代社会新技术、新理念不断涌现，现代商业也需要为消费者着想，不断进取，利用新技术、新理念带来的优势，给消费者提供更为方便的商业环境，同时不断地推动消费升级，紧紧抓住消费者心理，保持商业环境的新鲜感并注入更多的活力，

使商业项目更具有生命力。

　　从以上的原则可以了解到，成功的商业项目不是一个单纯的规划及建筑设计，除开发商自身因素外，还需要更为专业的商业顾问的参与和协助，同时还要有负责未来运营管理的专业团队的介入。建筑师并不能绝对控制设计的全部，也不能只关注解决建筑设计的技术问题，需要更多地了解商业项目开发的关键问题，掌握解决这些问题的基本方法，与开发商、专业顾问搭建一个良好的沟通平台进行有效的合作，这样才能为商业项目的成功开发打下良好的基础（图 1-3-1）。

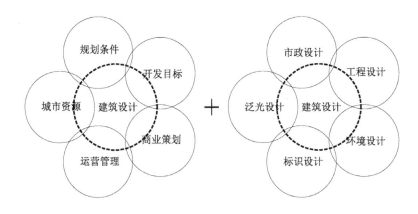

图 1-3-1　建筑设计关联图

　　彼得·科尔曼（Peter Coleman）在《购物环境》（*Shopping Environments*）一书中写道：在过去的半个世纪里，购物行为已经从购买产品的基本活动，通过提供服务，发展到提供一种体验和激发一个难忘的想法。今天的商店和公共空间需要的不仅仅是安全方便的购物空间。购物环境应该建立一种场所感，并创造一个当地的身份。实现一个独特的地方感，包容广泛的公众，而不是疏远，将仍然是购物中心设计师的一个关键挑战。

　　正如雷姆·库哈斯（Rem Koolhas）的OMA在《哈佛购物指南》（*The Harvard Guide to Shopping*）中写道："通过一系列的愈发无孔不入的方式，购物已经渗透、植入，甚至替代到城市生活的几乎每一个方面"；"也许21世纪的开始，人们会记住这一点，没有购物就无法理解城市"。

1.4 面对"新零售",传统零售商业的挑战与机遇

面对网络购物的崛起,没有一个实体零售商店不受到影响。当今,实体零售商业不仅要关心自己的生存,还要思考如何在这个大变革中取胜。

ICSC 的一项研究表明,实体店的衰败同样会影响网店的销售及流量(图 1-4-1),一个新的实体店能对网络流量产生 37% 的积极影响,关闭实体店则会导致其网络流量下降,这充分体现了实体店体验式消费的不可或缺性。

零售商开一个实体店后,其网络流量平均增长37%
average increase to a retailer's web traffic after opening one new physical store

37%

对新商家	对既有商家
45% for Emerging Retailers	**36%** for Established Retailers

关闭商店会导致其网络流量的下降
Closing stores causes a drop in the share of web traffic

-9.5% for Apparel	-7.9% for Department	-16.4% for Home
对于服装	对于百货	对于家居

图 1-4-1 关闭实体店对网店的影响调查图(普华永道,《2017 年全零售——建设未来:零售商的十大投资领域》)

　　实体零售有自身的优势，并非网购可以完全替代的，特别是体验性需求较高的商业更是如此，如餐饮、生鲜食品、鞋类、家具、金银首饰、工艺品等，都需要实地体验、观察或查验等。而网购可以让消费者享受到更为方便的消费体验，同时可以获得在网上按自己的时间安排进行购买的自由，如今购买一些价格适中、日常反复使用、质量完全有保障的家电等商品都已成为线上消费行为。

　　因此，线上交易将替代实体零售的想法是不切实际的。实体零售和线上零售共生将是未来的趋势，线上线下体验的结合可以激励消费者更加充满信心地购物。就连线上零售巨头亚马逊公司也曾计划在 2021 年前开设 3000 家门店。因此，那些创新并创造真正全渠道（omni-channel）体验、充分发挥实体和线上各自优势的零售商业类型，才会是未来的赢家。

　　零售商业总是把销售体验看作是与顾客的"触点"，当今利用好各种销售渠道，如实体店、直面顾客、线上都可以促进商品品牌建设，搭建更好的客户关系，满足消费者购物的愿望，刺激其增加购物的次数，最终达到提高销售额的目的。

　　"新零售"的商业模式正是追求为消费者创造一流的产品体验，线上线下"零售共生"的理念就是要通过更多产品曝光的机会和渠道创造互利的关系，实现优化多渠道销售战略的目标。从以上可以看到，实体零售和线上零售正在相互联手拓展客户群和提升销售业绩。

线上、线下结合的"新零售"模式将是零售商业未来的趋势

CHAPTER

2

第 二 章

开敞式商业街设计

2.1 开敞式商业街形态的意义

自从商业聚集作为一种成熟的社会商业行为出现，开敞式商业街形态就随之逐渐形成。从民间早期的露天集市，到后来露天集市结合特色商铺的节日庙会，这些人流聚集区逐渐发展成商业活动的开敞式商业街形态，已经成为社会中人们生活的一部分，也一直伴随着城市经济的发展和兴衰而不断更新迭代。它的存在既是历史发展的展现，也是体现人们工作、生活需求的必然存在，已经成为人们的美好记忆、文化感情传承、城市文脉的一部分，更是城市发展的一部分。

随着区域商业的不断发展，很多城市的开敞式商业街越来越成熟，服务半径越来越大，这就形成了城市的商圈。这些区域也已经成为城市的名片，如南京的夫子庙商圈、杭州湖滨商圈、北京王府井商圈、上海南京路商圈等。

从《清明上河图》中描绘的中国古代社会繁荣的开敞式商业街形态的雏形，到传统的成都宽窄巷子、北京的大栅栏，再到如今充满现代时尚的北京三里屯太古里、融合传统韵味的成都远洋太古里、新旧文化结合的杭州湖滨时尚步行街、新社区型的武汉纯水岸东湖东方里，无不展现了社会的文化、传统、时尚、历史时代的印记（图2-1-1）。

从国外商业建筑发展来看，它们也同样经历了从商业聚集到固化商业活动的开敞式商业街形态的发展历程。

开敞式商业街所具有的开放性、可自然成长性及建筑的多样性、功能的灵活性，与环境的融合感、尺度的亲切感、历史的传承感、文化的品位感等价值复合在一起，使其具备了独特的魅力和特质。当今，越来越多的开发商、建筑师在更多地运用新的理念、新的形态，不断地创新实践开敞式商业街的开发与设计，涌现出众多独具一格的优秀作品。这些开敞式商业街

图 2-1-1　开敞式商业街的前世今生

设计作品在满足未来商业运营基本要求的基础上，在商业流线、建筑空间形态、建筑特色、文化信息表达、环境空间融合上都给到此的顾客留下了深刻的影响，为其提供了不同的消费体验，令人记忆犹新。

2.1.1 购物中心存在的问题

购物中心的商业形态是近 20 年在国内迅速发展的商业开发的主流开发模式，并取得了很大的成功，给国内消费者提供了前所未有的消费体验，填补了城市大型商业项目开发的空白。很多大型购物中心的建筑形态和室内空间的特色设计确实也给消费者带来了超级视觉体验，大大提升了城市形象及消费者的消费水平。但内向型的购物中心，同样也伴随着不可避免的问题。

● 问题 1. 城市中的庞然大物

对于城市发展来说购物中心确实是个庞然大物，用地进深 70 ~ 100m，有的用地长度达 500 ~ 600m，建筑高度 30m 左右，超大购物中心的规模已经能在 600 000m² 左右。这样一个建筑体量设置在城市中，对城市空间的割裂是非常严重的，即使建筑外观设计得富有变化，它仍然表现为城市中的一道巨墙（图 2-1-2、图 2-1-3）。

购物中心巨大的体量给城市规划带来了不可回避的矛盾

图 2-1-2　北京世纪金源购物中心（总长 590m 左右，主体 5 层）

图 2-1-3　北京龙湖长楹天街购物中心（总长 710m 左右，主体 5 层）

● 问题 2. 超低的得房率

　　按照国内建筑面积计算规则，购物中心为了满足室内商业动线需要、创建个性化的室内公共空间、保障室内后勤供给的需要、满足消防安全的要求、满足室内空间的舒适环境要求设置机电用房，建筑内需要提供大量的非营业面积，因此一般购物中心的综合得房率仅在 60% 左右，是各类公共建筑中得房率最低的建筑类型之一。为此，每个租赁商户都需要背负沉重的分摊面积的负担，租户的单位面积租金居高不下，而所有的这些成本最终都会转嫁到消费者身上。在遇到城市经济下行波动或发生社会重大事件时，很容易造成商户由于租赁成本过高而闭店退出，形成严重的商业萧条。

得房率过低是购物中心的痛点

● 问题 3. 高需求的能源使用

　　为了维持室内整体空间的舒适度，以及绚丽的灯光效果，来保持对消费者的吸引力，购物中心需要有充沛的能源供应，能源消耗是非常大的，运行成本也是非常高的。

　　在遇到社会经济下行的时候，想要维持室内环境的高舒适度，高成本的运行与低迷的销售之间的矛盾就会突显出来。

●问题 4. 缺少灵活的营业时间管理

由于购物中心内商铺大多是内向型的，仅有少量首层商店可直接对外经营，所以每天绝大部分商铺的营业时间须遵守统一的时间管理。因此，这些不能直接对外经营的商店在商业大环境出现问题时，是不能采用自主延长时间的经营方式来取得更多利润的，因此降低了抵御经营风险的能力。

●问题 5. 缺乏与地域性结合的设计

购物中心这种巨型体量的建筑在传统建筑里是不可能出现的，这种尺度的建筑与地域性结合是非常困难的。因此我们所看到的已经建成的购物中心的建筑设计都是以自我为中心的，突出自身在空间环境中的领导地位，与周边环境形成了强烈的对比。

●问题 6. 对消防安全的极限挑战

由于商业项目属于人员密集型场所，购物中心又是大型商业建筑，是人员更为密集型的建筑类型，极致的商业需求必然也在挑战《建筑设计防火规范》的极限要求，因此购物中心设计是消防审查的重中之重，建成运营期间也是城市消防重点监控的场所。

●问题 7. 其他因素的影响

前面提到，当今的零售商业面临的挑战会受新的竞争和国际、国内事件的影响，特别是近年来电子商务的快速发展及 2020 年突如其来的世界范围的新冠疫情暴发，对零售商业冲击极大。这对原本高成本运营的购物中心是极大的挑战，购物中心内有许多店铺因无法应对这种挑战已经选择闭店。

2.1.2　开敞式商业街的优势

在大量建设购物中心的同时，非主流的开敞式商业街（区）开发也在同期发展，特别是上海新天地、北京三里屯太古里、成都远洋太古里在不同的地域文化背景和环境气候下的成功开发，更是为国内商业地产的开发提供了另一种思路，大大地促

图 2-1-4　上海新天地街边餐饮店

图 2-1-5　上海新天地步行街景观

图 2-1-6　北京三里屯太古里

图 2-1-7　成都远洋太古里

进了开敞式商业街在国内的发展，开敞式商业街模式也得到了业界的广泛认同（图 2-1-4 ～图 2-1-7）。

同时，国内也不断涌现了众多新设计的开敞式商业街作品，这些作品特色鲜明、风格各异，得到了社会的普遍认同，也为开敞式商业街的设计提供了更多借鉴的案例。

与购物中心相比，开敞式商业街的商业建筑形态有它自身的优势，这是购物中心无法实现的，具体表现在以下几个方面。

开敞式商业街比集中式商业楼具有突出的优势

● 易于与城市协调的空间尺度

由于开敞式商业街的空间形态是由多栋单体建筑组合而成

的，单体建筑体量相对较小，建筑层数在 2～4 层，主要为 2～3 层。因此，规划设计时很容易依据周边城市环境空间的需求协调自身的空间尺度，形成边界友好的城市空间界面，使得开敞式商业街的空间形态与城市空间文脉相互融合。

开敞式商业街与城市空间可形成更友好的边界关系

由多栋建筑构成的开敞式商业街室外空间尺度相对较小，避免了公共建筑对人的压迫感，建筑之间的空隙与城市公共空间相互渗透、相互融合，更容易让人萌生亲切感，而非排斥感（图 2-1-8～图 2-1-10）。

图 2-1-8　重庆弹子石老街与城市空间相互融合

图 2-1-9　日本宫下公园商业屋顶花园成为城市开放的公共空间

图 2-1-10　日本南町田 Grandberry Park 与轨道交通站出入口无缝衔接

● 高得房率

　　开敞式商业街的空间形态特点就是将很多商业空间释放成为城市室外公共空间，在现有的《建筑工程建筑面积计算规范》GB/T 50353-2013 中，此部分面积不被计入建筑面积，但从商业功能使用上，这些空间仍然是商业空间的一部分。因此，开敞式商业街的得房率一般在 80% 以上，比内向型购物中心高出近 20%，在相同建筑面积条件下可以获得更多的商业经营面积，这对开发商、未来的租户商家都有极大的吸引力。

● 高效的建筑密度

　　商业用地的政府规划条件一般都比较严格，通常在规划条件中绿地率不小于 30%，建筑密度不大于 40%。对于商业建筑来说，首层的商业价值最高，首层可出租面积越大就意味着未来运营收益越高。

追求建筑密度最大化是商业建筑规划设计的基本要求

　　开敞式商业街公共交通面积大部分被释放成城市室外公共空间，在建筑密度相同的前提下，开敞式商业街首层可出租商业面积对比购物中心高出约 20%，这是一个极大的优势。

　　对于购物中心规划设计来说，满足总平面 30% 绿地率，同时要求建筑密度最大化是非常困难的，这是所有购物中心规划设计遇到的突出矛盾。但对于开敞式商业街来说，释放出的室外公共空间内还可以实现更多的绿地空间，使得建筑设计更容易满足规划条件中的绿地率指标，同时又能满足商业功能的需求。

● 多种空调系统的选择

空调是满足商业建筑室内环境要求的必备条件，对于购物中心来说只能选择集中空调系统来满足商业高标准的室内环境要求，达到统一管理、同时计量，但运行费用较高。

而对于由建筑单体集群组合的开敞式商业街来说，可以选择更多、更灵活的空调系统，如 VRV 系统、分体空调系统，也可以选择集中空调系统。

选择空调系统需要考虑商业的使用性质、建筑规模、运营时间、计量方式等因素。集中空调系统适用于规模较大、业态特殊的商业，如电影院、地下超市等；VRV 系统适用于地上较大规模、多种功能使用、分户计量的商业分户运行，但一次安装投资较大，室外机需要一定的室外空间；分体空调系统适用于小型商铺，安装灵活简单，价格便宜。

● 更多可自由控制的经营方式和运营时间

不同的商业业态经营方式和运营时间并不是一样的，由建筑单体集群组合的开敞式商业街，可以更多地满足不同的业态在不同的建筑内按照自身的商业需求决定自身的经营方式和运营时间，充分发挥各个商家自身的优势，也给选择 24 小时营业的业态经营带来可能，全天候满足人们的消费需求。

在社会出现重大事件或经济下滑的时候，不同的商家可以自主决定延长营业时间，以便获得有效的收益，抵御各种风险。

● 增加了更多的商业"触点"

商家之所以追求更多的商业"触点"，是因为"触点"越多就意味着消费越多、收益越好。分散式的建筑组合最大限度地增加了商铺可直接对外的商业界面，最大限度地增加了实体店与消费者面对面的机会，大大提升了店铺的商业价值（图 2-1-11）。

由于建筑体量相对减小，不同的建筑单体可以选择不同的

商业"触点"多少与收益成正比

图 2-1-11　上海大宁国际

个性化建筑形态来表现自身的商业形象，用商业宣传手段结合建筑的设计手法吸引消费者的关注，形成多姿多彩的建筑形态。

● 提供更多的"社会性活动"空间

　　扬·盖尔在《交往与空间》（*Life Between Buildings*）中写道："能方便而自信地进出；能在城市和建筑群中流连；能从空间、建筑物和城市中得到愉悦；能与人见面和聚会——不管这种聚会是非正式的还是有组织的，这些对于今天好的城市和好的建筑群来说仍然是很关键的，就像在过去的城市一样。"

　　开敞式商业街中建筑单体集群之间释放出的城市公共空间恰好为实现符合扬·盖尔说的"好的城市和好的建筑群"提供了可能。出色的城市公共空间的设计也为提升城市活力打下了基础（图 2-1-12～图 2-1-14）。

图 2-1-12　日本南町田 Grandberry Park 开放式空间景观入口

图 2-1-13　上海龙湖星悦荟室外公共活动庭院

图 2-1-14　上海龙湖星悦荟室外公共
活动庭院球场近景

2.2 商业建筑设计中的几个概念

2.2.1 主力店

　　根据 ICSC 定义，主力店（anchor）也称"锚店"或"主力商户"，作为商业中心中的大型商店（通常是连锁店），具有雄厚的经济实力并且占有很大的面积，如商业中心里的百货店。在商业中心内这种商店会吸引主要的客流量（除独立的主力店），如影院、大型超市、百货、大型电玩、溜冰场、儿童乐园等（图 2-2-1～图 2-2-4）。

图 2-2-1　日本南町田 Grandberry Park 的史努比博物馆

图 2-2-2　北京三里屯太古里
原苹果旗舰店

图 2-2-3　成都远洋太古里苹果
旗舰店

图 2-2-4   日本南町田 Grandberry Park 的影院入口

2.2.2　次主力店

次主力店（mini anchor）一般指规模小一点的，但仍然可以吸引很大客流量的"主力商户"店铺，如各种品牌的旗舰店、大型餐饮店等。

由于主力店在商业地产开发中的重要性，开敞式商业街建筑设计应重点关注主力店的布局、主力店自身的需求及如何给整个商业开发带来资源。

2.2.3　得房率

得房率是指商业可出租面积（一般指套内面积）与商业部分的建筑面积（含地上、地下的商业，公共空间，服务用房等）的比值。

> 得房率是开发商和运营关注的关键指标

这是一个关键指标，关系到开发商的投资有效性、未来商业运营的成本、商户承租成本等。内向型的购物中心得房率一般在 60% 左右，而开敞式商业街得房率在 80% 以上。

2.2.4　商业动线

商业建筑设计中的交通流线组织设计称为"动线"规划设计，包括顾客动线、服务动线设计。顾客动线又分主动线、次动线，顾客动线空间一般表现为导入空间、流线空间、广场空间等形态。动线形式有单动线、环形动线，以及相互组合的复合动线。

● 主动线

主动线为顾客在商业空间内的主要交通流线。主动线设计包括竖向至各楼层的交通流线设计，决定了开敞式商业街规划的空间形态。在开敞式商业街规划设计中，主动线设计主要表现为室外主街的规划设计，也就是顾客在开敞式商业街主街中的主要活动流线，这也是规划设计的重点。在规划设计中水平主动线设计更是研究考虑的重中之重。楼层间动线的衔接一般采用自动扶梯，自动扶梯的角度不应大于30°，自动步道的角度一般为12°。

主动线规划设计决定了开敞式商业街的空间形态

● 次动线

对于规模较大的开敞式商业街区，主动线设计并不可能完全满足顾客直接到达所有商店的需求，因此在主动线附近经常需要设计次动线，用于提高顾客抵达更多商店的可能性。楼层间的次动线衔接一般采用垂直客梯解决。次动线位置上的商店的易达性、可视性相对主动线位置的商店较差，因此商业价值相对较低。

● 服务动线

服务动线为各楼层商店后勤服务（包括服务人员、货运及垃圾出入等）的交通流线，设计内容主要包括卸货区、货梯、货梯厅及连接各层的后勤走道，后勤走道一般也兼具防火的疏散走道功能。

2.3　空间尺度的控制

开敞式商业街空间形态是由一组单体建筑集群组成的，商业动线是将这些建筑有机组合的重要纽带，因此对商业动线空间尺度的把握是建筑师必须掌握的职业技能。

扬·盖尔在《交往与空间》一书中阐述了城市公共空间活动的三种类型：必要性活动、自发性活动和社会性活动。开敞式商业街设计就是努力创造更多的、积极的城市公共空间服务于这三类活动，并且把握好空间尺度。

商业开发必须考虑有良好的交通易达性和便利性

2.3.1　导入空间

导入空间是指城市公共空间与开敞式商业街动线出入口衔接处的空间形态，也是商业动线的主要节点之一，是人们进入开敞式商业街的口部空间。主动线处入口应该是一个激动人心、具有强诱导性的空间形态（图2-3-1～图2-3-9）。

在实际规划设计中作为主动线出入口的导入空间设计，经常采用建筑适度退让形成广场空间、建筑适当切角或圆角形成导入空间形态、入口建筑造型形象化设计等手法，同时尽可能增加对街内商店的可视度，实现街内商店更广的展示度，并且在显著位置设置扶梯或楼梯尽快引导顾客进入二层平台。

图 2-3-1　美国 Via Rodeo 街总平面示意图

图 2-3-2　美国 Via Rodeo 街出入口导入空间设计

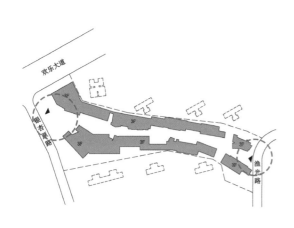

图 2-3-3　武汉纯水岸东湖东方里总平面示意图

图 2-3-4　武汉纯水岸东湖东方里出入口导入空间设计
（图片来源：陈炫佐）

图 2-3-5 惠州星河 COCO Garden 总平面示意图

图 2-3-6 惠州星河 COCO Garden 主入口导入空间设计
（图片来源：立方设计）

图 2-3-8 北京万科城市之光商业街南主入口广场
（图片来源：三磊设计）

图 2-3-7 北京万科城市之光总平面示意图

图 2-3-9 北京万科城市之光商业街北主入口广场
（图片来源：三磊设计）

2.3.2　动线空间尺度控制

开敞式商业街内的动线空间是连接各个商店的通行空间，分为主动线空间和次动线空间，皆为商业动线的一种。

动线空间需要特别关注空间尺度，处理好通行、适度驻足以及各层商店的可视度问题。扬·盖尔在《交往与空间》中已经研究过："在多层建筑中，只有最低的几层才能与地面上的活动产生有意义的接触。三层和四层之间与地面接触的可能性显著降低。另一条临界线在五层和六层之间，五层以上的任何人和事都不可能与地面活动产生联系（图2-3-10）。"

图2-3-10　地面活动与楼层视线关系图（图片来源：扬·盖尔，《交往与空间》）

由此可见，人在四、五层是基本不会向下观察地面活动的，五层是临界极限线，而商业建筑层高较高，临界极限线是四层。已经建成的开敞式商业街中的建筑一般都控制在四层以内，并且第四层规模尽可能小，且设置了目的性消费业态。

在商业建筑设计中对楼层和商业价值判断有一种说法，首层商业 100% 价值，二层商业 50% 价值，三层商业 25% 价值，四层商业开发成本价值，核心意思是在四层的商铺商业价值很低。

因此，在设计中尽可能避免四层商业的出现，第四层商业将是开发商和招商、运营的痛点。

《建筑防火设计规范》中对两栋独立建筑开窗后的最小间距要求是 6m，可作为开敞式商业街建筑开窗后控制的最小间距。建筑为三层时，空间形态高宽比例已超过 1∶2，动线空间感受是较为高耸的，有一定的紧迫感。因此，这是一种可称为"通过式"的空间形态，可以作为次动线空间的主要尺度。对于顾客而言，在此处只有少许的逗留意愿（图 2-3-11）。

对于三层建筑，9m 宽流线的空间形态高宽比例小于 1∶2，空间感受适中，二层商业可视性较好。在此空间形态内的人们会有逗留观察周边商业环境的意愿，因此 9m 宽可以作为三层商业主动线空间宽度的下限，并可满足消防车道要求（图 2-3-12）。

第四层商业业态的选择是开发的难点

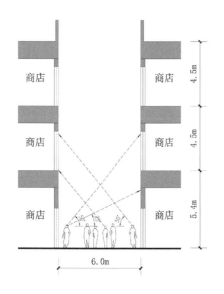

图 2-3-11　6m 宽动线空间尺度

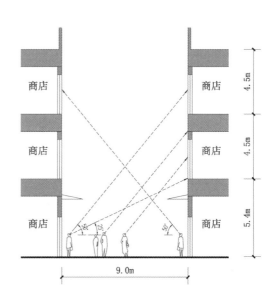

图 2-3-12　9m 宽动线空间尺度

6m 宽流线退台式空间形态减弱了高耸感、紧迫感，空间变化丰富，但作为主动线首层宽度略窄，首层顾客观察周边商业环境意愿弱，只能偶尔逗留。这种空间尺度在主动线空间局部位置可以接受，但不能满足消防车道距建筑的最小要求（图2-3-13）。

两侧建筑为三层时，顾客对 9m 宽动线退台式空间形态感受良好，二、三层商业可视性良好，动线空间较为丰富，适宜作为开敞式商业街主动线空间形态，同时可以满足 4m 宽消防车道的要求（图 2-3-14）。

6m 和 9m 宽动线两侧的首层商店应尽可能采用通透性好的玻璃作为建筑外墙，以减弱动线空间形态对顾客的压迫感。

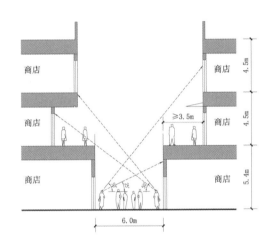

图 2-3-13　6m 宽动线退台式空间尺度

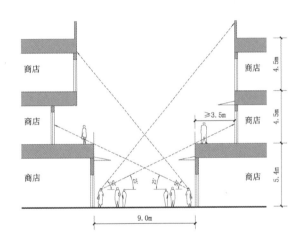

图 2-3-14　9m 宽动线退台式空间尺度

2.3.3　停留空间尺度控制

停留空间在开敞式商业街规划设计中基本都表现为具有围合感的广场空间形态。广场空间是商业主动线上的主节点空间，应该具有较强的人流聚集效应，对广场周边商店也有较强的展示性。空间尺度的处理一般运用扩大平面尺寸、降低周边层数、增加周边建筑退台等设计手法进行综合规划设计。

由于广场空间尺度较大，也可考虑局部四层建筑，以便提高容积率。广场空间除尺度需要适当控制外，须避免方方正正没有想象的空间的形态。虽然对广场平面尺寸没有严格的规定，但仍然可建议平面尺度以主动线宽度的 2.5 倍以上为宜，或以

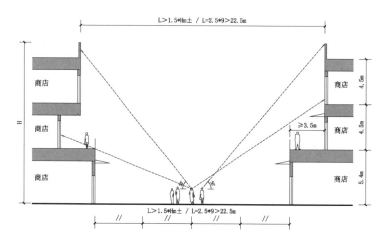

图 2-3-15　广场空间尺度（一）

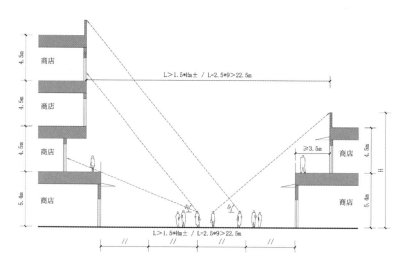

图 2-3-16　广场空间尺度（二）

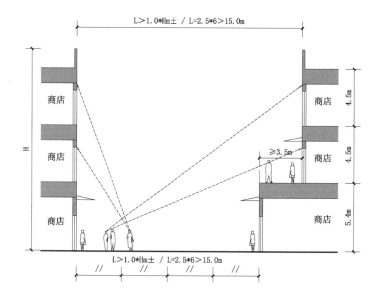

图 2-3-17　逗留空间尺度

周边建筑高度 1.5 倍以上为宜（图 2-3-15、图 2-3-16）。

2.3.4　逗留空间尺度控制

逗留空间与停留空间的广场相似，只是空间感受程度不同，也可以说是小广场，主要与次动线衔接。建议平面尺度以次动线宽度的 2.5 倍以上为宜，或以周边建筑高度 1 ~ 1.5 倍为宜（图 2-3-17）。

2.3.5　店铺平面尺度控制

店面设计一般按单元考虑为宜，最小标准店铺单元可以按结构开间的一半考虑。典型的结构柱网开间以 8 ~ 10m 为主，因此商铺单元开间可以在 4 ~ 5m 之间。单元进深一般控制在 13 ~ 17m 为宜，比例控制在 1 ：4 以内，较为理想的比例为 1 ：3（图 2-3-18）。

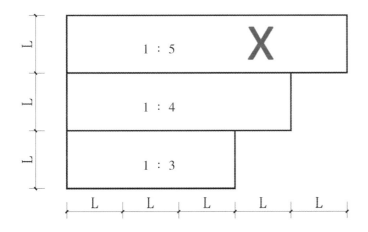

图 2-3-18　店铺平面尺度

● 创建更多的角店，双面临街的店面价值更高

顾客对角店一般比较敏感，其可视性更优于单面临街店面，因此商业价值较高，也是众多商家力争的店面。很多成功开敞式商业街设计通过灵动的动线规划、非规则的平面设计，有意识地创建了更多的商业角店，在丰富建筑自身体型变化的同时，

更是提升了项目中更多店铺单元的商业价值。

●在人流聚集处，创建更多的店面

　　人流聚集的空间，如动线出入口、广场空间、主力店相邻的区域、商业动线节点区域等都是商业价值较高的区域，设计时应在此区域更多地布置店铺单元，这样可以将主力店的商业价值延伸至周边更多的店面，促进整体商业的价值提升。

表 2-3-1　开敞式商业街空间尺度统计表

项目名称	主动线		主出入口广场		街内主广场		街内小广场	
	宽度（m）	建筑层数	平面尺寸（m）	建筑层数	平面尺寸（m）	建筑层数	平面尺寸（m）	建筑层数
成都远洋太古里	9~11	2~3（坡顶山墙）	45×35	1~3（坡顶）	41×34	2.5~（坡顶山墙）	23×22	3（坡顶山墙）
北京三里屯太古里南区	8~12	3	35×55	3~4	33×45	2~3（局部4）	11×18	3
美国 Via Rodeo 街	9~13	2.5~3.5	20×15	3.5	—	—	—	—
成都鹭洲里	12±	4	50×45	2~4（退台）	43×35	3~4	30×18	3~4
武汉纯水岸东湖东方里	14~20（有水系）	1~3	40×83	2~3	35×42	1~3	—	—
河北香河五矿万科哈洛小镇	8~10	1~3（局部3）	15×25	2	20×25	1~3（局部3）	15×17	1~2
北京蓝色港湾	9~12	3	60×80	3	30×140	3	40×35	3
北京万科城市之光	7~15	2	40×50	2	20×20	2	—	—

续表

项目名称	主动线		主出入口广场		街内主广场		街内小广场	
	宽度（m）	建筑层数	平面尺寸（m）	建筑层数	平面尺寸（m）	建筑层数	平面尺寸（m）	建筑层数
河南海尚广场	9~15	3~19（办公）	60×60	4~5（局部5）	40×7（有水系）	3~5（局部5）	—	—
上海幸福里	9±	2~4	9×12	2	—	—	—	—
厦门云城万科里	15~21	2~30（公寓）	25×70	2~30（公寓）	—	—	—	—
长沙阳光100凤凰街	18~21	3~4	40×50	3	35×150	3~4	40×80	3~4
上海龙湖星悦荟	18~23	3~16（公寓）	23×38	3~16（公寓）	—	—	—	—
惠州星河COCO Garden	9~12	1~3	20×25	1~3	25×30	1~3	—	—
宜昌江南in巷	12~16	3~6	—	—	—	—	—	—
重庆弹子石老街	6~12	2~3	30×45	2~3	40×43	2~3	30×40	2~3

2.4 开敞式商业街的规划设计原则

2.4.1 选址要点

开敞式商业街是具有一定规模的商业建筑聚集区，用地属性为"商业用地"或"复合用地"。不同规模的开敞式商业街服务的半径不同，可以服务于居住区的10分钟、15分钟步行距离生活圈，也可以设置于区域中心和城市中心。在选址时可以遵循以下几项基本原则。

●交通便利的原则

交通便利对于商业项目开发来说是关键要素，首先考虑的是消费者步行易达性。根据人们的年龄步行距离一般按500～800m考虑，超过此距离后人们就可能换用其他交通工具，如自行车、公共交通、小汽车等，因此在此距离半径内居民密度越高越好。

同时，需要考虑消费者利用不同的交通工具的易达性，如商业项目位置应尽可能靠近轨道交通站、公交站、社会公共停车场，并设置足够的小汽车停车库（场）。特别是规模较大的商业开发，由于服务半径大，必须考虑公共交通、小汽车的易达性和小汽车的停放。

当今，日本新的商业项目开发大都是以公共交通为导向的开发模式（TOD），可见便利的交通对于商业项目的重要性（图2-4-1）。

●适度中心的原则

开敞式商业街最理想的位置与其他商业形态的商业建筑一样，应选择设在居住区、区域或城市商圈的较为中心的地段，尽可能让更多的人们可以步行抵达。因为步行抵达的消费者是

图 2-4-1　日本南町田 Grandberry Park 主出入口（商业与轨道交通站结合的新商业开发项目，轨道交通站二层直接与开敞式商业街主动线平台连通）

商业需要考虑的基本服务对象，基于交通成本的考量，可达性会左右消费者对消费场所的选择。

● 更长的城市临街面的原则

　　每个商家都希望自己的商店可以直接面向城市街道，特别是主要街道，以便增加店面的可视性和展示面，获得更多的城市居民的关注，从而得到更多的消费机会。

　　因此，沿城市道路越长的地段的商业项目，其价值越高，未来提供更多商业展示面的可能性越大（图 2-4-2）。

● 人流聚集的原则

　　在城市规划中还有很多其他公共活动聚集区，如旅游景点、文化中心、社区中心、城市景观公园等，开敞式商业街需要尽可能与这些公共活动聚集区相互结合、相互聚集，这样可以扩大服务的半径，对商业未来的繁荣是非常有帮助的。

图 2-4-2　上海龙湖星悦荟沿街建筑

2.4.2　总平面布局

　　在开敞式商业街总平面规划设计中，要综合考虑动线的规划、动线与城市的衔接、业态布局、主力店位置、建筑层数、地下商业入口、停车等因素。当然还有相关设计规范的问题，如消防问题、建筑间距问题等。

　　商业用地类型繁多，从用地性质来说，有独立的商业用地，也有与其他公共建筑复合使用的混合用地，形态上是各种各样的，因此需要对商业用地进行归纳总结，并针对其用地特点阐述开敞式商业街总平面规划设计中的要点。

2.4.2.1　沿街"一"形

　　这种常见的商业用地形态，有人称之为线形用地。有一条长边沿城市道路展开，用地进深较小，12 ～ 24m，只适合一排建筑连续排列，有的楼前可停放少量小汽车。它适用于规模较小的开敞式商业街项目开发。消费者动线就在沿城市道路和商业建筑之间，这是最初级的开敞式商业街形态（图 2-4-3）。

　　从"一"形用地动线模式示意图中可看出，两端一般位于街角，商业价值较高，规划布局宜为主力店或次主力店，建筑形态的处理应强调个性，以便拉动整个商业区的人流。沿街"一"形用地的缺点是只能单边商业布局，不能在动线两侧设置商业，商业氛围偏弱（图 2-4-4 ~ 图 2-4-7）。

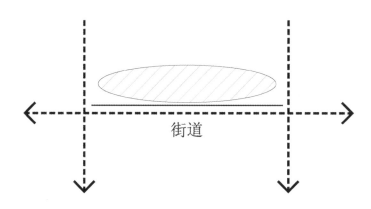

图 2-4-3　"一"形用地示意图

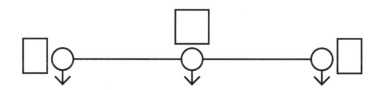

图 2-4-4　"一"形用地动线模式示意图

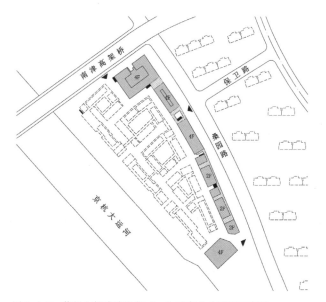

图 2-4-5　苏州金辉浅湾沿街"一"形商业总平面示意图

图 2-4-6 苏州金辉浅湾沿街"一"形商业（一）

图 2-4-7 苏州金辉浅湾沿街"一"形商业（二）

2.4.2.2 街角 L 形

规划用地呈 L 形，边界的长边沿两条道路的街角展开，且用地进深较小，与"—"形用地进深相似，适于单排建筑连续排列（图 2-4-8）。

用地优势：

◆ 规划、设计、建设简单；

◆ 可为每个店铺提供良好的沿街展示面的可能性；

◆ 街角用地提升了商业价值。

用地劣势：

◆ 进深小，不适宜较大规模要求的业态布局；

◆ 停车场设置会有一定的难度；

◆ 不宜形成有强吸引力的商业停留空间。

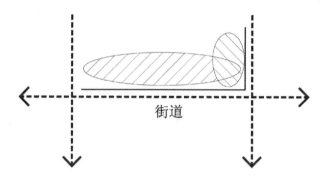

图 2-4-8 L 形用地示意图

从动线模式示意图中可以看出，街角 L 形用地与沿街"—"形用地规划形态相似，突出的是街角商业价值，规划布局时街角宜为主力店，街角建筑形态应强化个性设计。缺点也是只能按单边商业布局，不能在动线两侧同时设置商业，商业氛围较弱（图 2-4-9、图 2-4-10）。

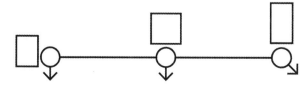

图 2-4-9 L 形用地动线模式示意图

图 2-4-10　苏州金辉浅湾沿街 L 形商业

2.4.2.3　跨街 II 形

　　两块规划用地边界的长边沿一条道路两侧展开，用地有一个端头位于街角商业价值更高，提高人行易达性，属于地块进深小的用地，单侧用地进深尺寸为 12 ~ 24m（图 2-4-11）。

　　用地优势：

◆ 规划、设计、建设简单；

◆ 可为每个店铺提供良好的沿街展示面的可能性；

◆ 街角用地提升了商业价值。

　　用地劣势：

◆ 商业区域被车行道穿过，行人穿行道路存在安全隐患；　　车辆穿越商业区域，安全是个大问题

◆ 单侧用地进深小，不适宜较大规模的业态布局；

◆ 停车场设置会有一定的难度；

◆ 商业气氛较难营造。

　　这种用地要特别注意过街行人的安全问题，在级别较低的城市支路、车速低的道路可以考虑，建议二层设置人行天桥连通两边商业区，以解决行人来回跨路的安全问题（图 2-4-12 ~ 图 2-4-14）。

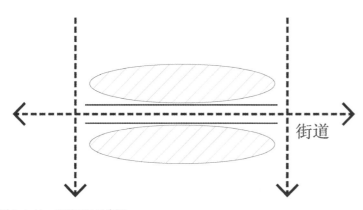

图 2-4-11　Ⅱ形用地示意图

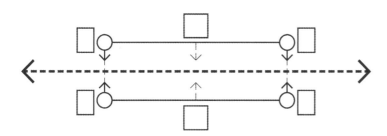

图 2-4-12　Ⅱ形用地动线模式示意图

图 2-4-13　上海尚悦街

图 2-4-14　日本横滨元町商店街

2.4.2.4　街角 V 形

规划用地位于两条道路夹角处,用地相邻两边与街道相邻,且用地进深较大(图 2-4-15)。

用地优势:

◆ 沿街边界较长,有利于商业展示,提高了沿街商业的价值;

◆ 两条路夹角区域步行交通易达性强,可视性强,有利于突出建筑形象,创造良好的商业氛围。

用地劣势:

◆ 用地深处进深较大,容易产生降低商业价值的内区;

◆ 只有街角步行易达性强,其他位置步行易达性弱。

从动线模式示意图中可以看出,街角 V 形用地在规划设计时需要重点解决如何提升对应街角远端用地的商业价值及客流的易达性问题。可采用在用地对应街角的远端设置主力店或目的性消费的业态,如电影院、餐厅、健身俱乐部等,甚至可以与商业中心的商场衔接,以便拉动客流进入用地深处(图 2-4-16~图 2-4-22)。

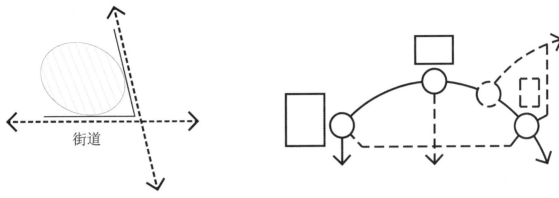

图 2-4-15　V 形用地示意图　　　　　　　　　　　　图 2-4-16　街角 V 形用地动线模式示意图

图 2-4-17　惠州星河 COCO Garden 总平面示意图

图 2-4-18　惠州星河 COCO Garden 主入口位于两条路夹角处

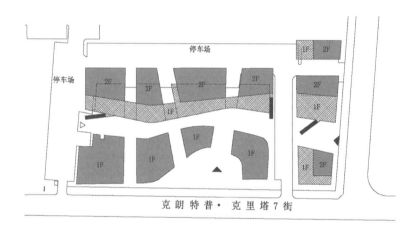

图 2-4-19　泰国 kurve7 社区商业街总平面示意图

图 2-4-20　泰国 kurve7 社区商业街主入口

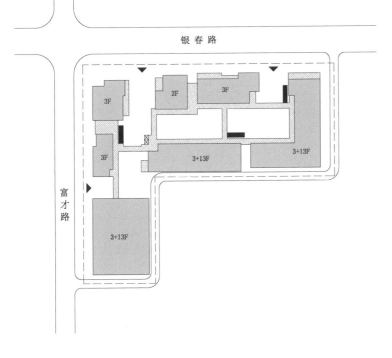

图 2-4-21　上海龙湖星悦荟总平面示意图

图 2-4-22　上海龙湖星悦荟位于两条路夹角处

2.4.2.5 双街I形

规划用地两端分别衔接两条市政道路，用地不是很宽，进深较大（图2-4-23）。

从动线模式示意图中可以看出，规划设计双街I形用地时需要重点解决如何提升用地居中位置商业价值的问题，因为用地居中位置距离出入口有一定距离，可视性相对较差。建议居中位置商业设置以目的性消费为主的业态，如少儿教育、餐厅等。商业街出入口设计应注重导入空间的营造（图2-4-24～图2-4-29）。

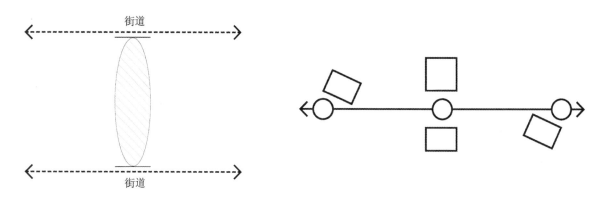

图2-4-23　双街I形用地示意图　　　　　　图2-4-24　双街I形用地动线模式示意图

图2-4-25　重庆弹子石老街总平面示意图

图 2-4-26　重庆弹子石老街主出入口（一）

图 2-4-27　重庆弹子石老街主出入口（二）

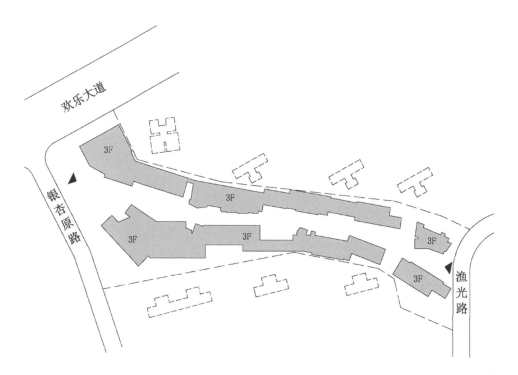

图 2-4-28　武汉纯水岸东湖东方里总平面示意图

图 2-4-29　武汉纯水岸东湖东方里主出入口之一（图片来源：陈炫佐）

2.4.2.6　沿街U形

矩形用地边界一条边沿道路展开，两条短边接邻另外两条街道，且用地进深较大（图2-4-30）。

用地优势：

◆ 用地进深大，适于规划规模较大、涵盖多种不同业态的商业布局；

◆ 有较长的沿街展示面，有利于商业价值的提升；

◆ 为设计出有吸引力的广场空间提供了可能；

◆ 利于停车规划。

用地劣势：

◆ 用地进深较大，用地内区的商业价值较低；

◆ 中区距离街口有一定距离，人流易达性较弱；

◆ 内区商业可视性弱。

从动线模式示意图中可以看出，沿街U形用地规划设计时需要重点解决如何提升用地深处位置商业价值的问题，因为用地深处距离主出入口有一定距离，且对外可视性相对较差。建议用地深处设置具有激动人心、强吸引力的中心广场空间，并设置主力店。在提升广场周边商业价值的同时，提高拉动人流进入用地深处消费、体验的可能性（图2-4-31～图2-4-36）。

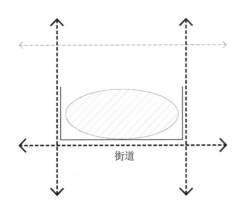

图 2-4-30　沿街U形用地示意图

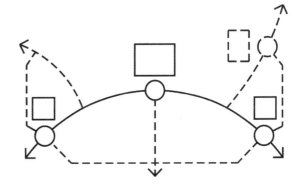

图 2-4-31　沿街U形用地动线模式示意图

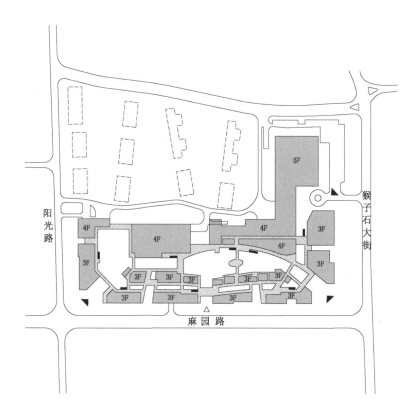

图 2-4-32 长沙阳光 100 凤凰街总平面示意图 [图片来源：汇张思建筑设计咨询（上海）有限公司]

图 2-4-33 长沙阳光 100 凤凰街主入口（一）[图片来源：汇张思建筑设计咨询（上海）有限公司]

图 2-4-34　长沙阳光 100 凤凰街主入口（二）[图片来源：汇张思建筑设计咨询（上海）有限公司]

图 2-4-35　长沙阳光 100 凤凰街主入口（三）[图片来源：汇张思建筑设计咨询（上海）有限公司]

图 2-4-36　长沙阳光 100 凤凰街中心广场 [图片来源：汇张思建筑设计咨询（上海）有限公司]

2.4.2.7　单街 Ю 形

　　这类规划用地的特征为用地位于一条市政道路中部的一侧，进深较大，一般不小于 40m，但距离道路交叉口有一定距离（图 2-4-37）。

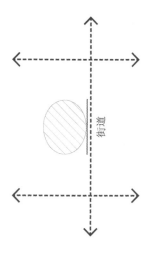

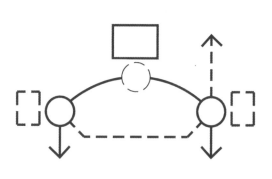

图 2-4-37　单街 IO 形用地示意图　　　　　　　　图 2-4-38　单街 IO 形用地动线模式示意图

图 2-4-39　杭州金地艺境小商街

单街 IO 形商业用地比较少，因为用地距离道路街口有一定距离，人行抵达意愿较弱，建议规模不宜过大，可结合居住区人行出入口或公交站点等人流聚集位置规划设计，选择"目的性消费"业态，因为消费者对"目的性消费"业态的步行距离不是很敏感，距离远一点儿往往也可以接受（图 2-4-38、图 2-4-39）。

2.4.2.8　S+M 型

S+M 指"街 + 购物中心"（Street + Mall）。规划用地特征为整个用地由市政道路环绕，进深较大，同时用地内设有一个购物中心（图 2-4-40）。

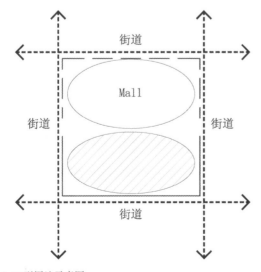

图 2-4-40　S+M 型用地示意图

用地优势：

◆ 用地进深大，适于规划规模较大、包含多种不同业态的商业布局；

◆ 有较长的沿街展示面，有利于商业价值的提升；

◆ 为设计出区域标志性公共空间提供了可能；

◆ 有购物中心作为大型主力店，为提升开敞式商业街的商业价值提供强有力的支撑；

◆ 利于停车规划。

用地劣势：

◆ 用地进深较大，用地内区的商业价值较低，商业可视性、人行易达性也较差；

◆ 由于规模较大，又有购物中心的存在，开敞式商业街的业态易与购物中心中的业态冲突；

◆ 商业动线的组织较为复杂和困难。

从动线模式示意图中可以看出，S+M 型用地规划设计时需要重点关注购物中心与开敞式商业街的动线的组合，须将购物中心作为大型主力店来考虑，为开敞式商业街拉动大量客流。同时，基于对用地深处位置商业价值的提升的考量，建议在用地深处设置具有激动人心、强吸引力的中心广场空间，作为购物中心和开敞式商业街共同的室外核心广场，创造区域标志性公共空间，同时提升核心广场周边商业和整个项目的商业价值（图 2-4-41 ~ 图 2-4-47）。

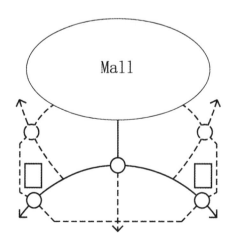

图 2-4-41　S+M 型用地动线模式示意图

　　更具沉浸式、休闲感，24 小时全天候的开敞式商业街形态越来越受到国内大的开发商的关注，在原购物中心优势的基础上，S+M 型的商业开发项目也越来越多。

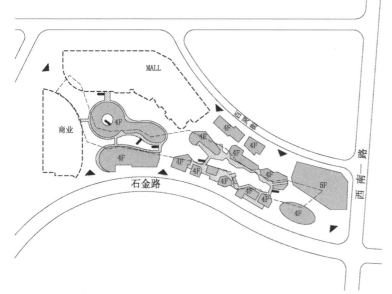

图 2-4-42　福建石狮世茂摩天城总平面示意图

图 2-4-43　福建石狮世茂摩天城商街主入口（一）

图 2-4-44　福建石狮世茂摩天城商街主入口（二）

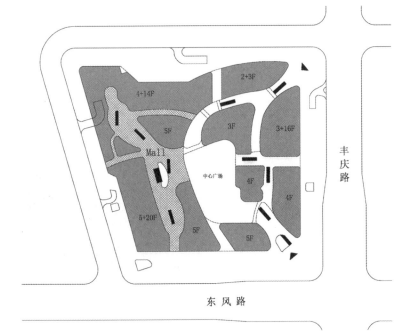

图 2-4-45 郑州海尚广场总平面示意图

图 2-4-46 郑州海尚广场出入口（一）（图片来源：筑弧设计）

图 2-4-47 郑州海尚广场出入口（二）（图片来源：筑弧设计）

2.4.2.9　街区型

建设用地占据了一个街区，用地整个边界皆与城市道路相邻（图 2-4-48 ~ 图 2-4-62）。

用地优势：

◆ 占据街区的 4 个街角，商业价值很高；

◆ 整个街区沿街皆可做商业展示面；

◆ 人流易达性强，具有很强的商业聚集力；

◆ 用地进深大，适于规划多种不同业态的商业，适于大规模的商业开发；

◆ 利于停车规划；

◆ 具备设计出拥有强吸引力的公共空间场所的条件。

用地劣势：

◆ 用地进深较大，内侧有很大面积区域的商业价值较低；

◆ 内区商业易达性、可视性较差；

◆ 由于内区较大，商业动线规划组织较为困难。

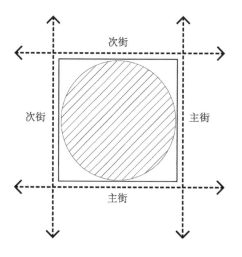

图 2-4-48　街区型用地示意图

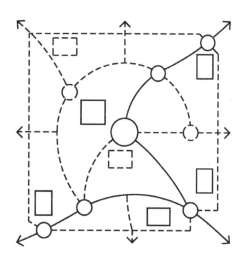

图 2-4-49　街区型用地动线模式示意图

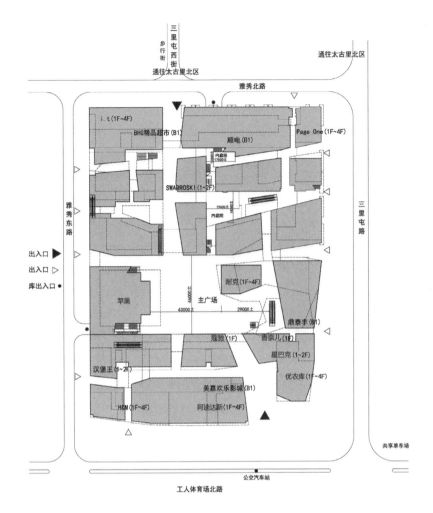

图 2-4-50 北京三里屯太古里南区总平面示意图

图 2-4-51 北京三里屯太古里南区主出入口

图 2-4-52 北京三里屯太古里北区主出入口

图 2-4-53 北京三里屯太古里南区主广场

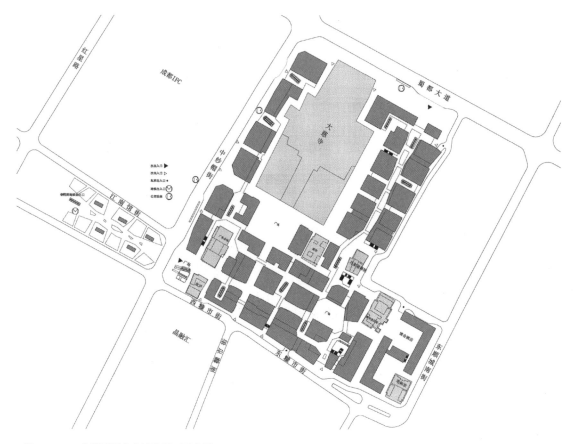

图 2-4-54　成都远洋太古里总平面示意图

图 2-4-55　成都远洋太古里主入口广场

图 2-4-56　成都远洋太古里出入口（一）

图 2-4-57　成都远洋太古里出入口（二）

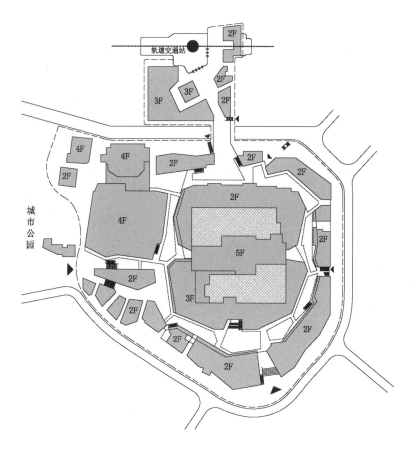

图 2-4-58　日本南町田 Grandberry Park 总平面示意图

图 2-4-59　日本南町田 Grandberry Park 轨道交通车站与商业对接口

图 2-4-60　日本南町田 Grandberry Park 商业（一）

图 2-4-61　日本南町田 Grandberry Park 商业（二）

图 2-4-62　日本南町田 Grandberry Park 商业（三）

2.4.2.10　复合街区型

多条街道或多个街区连续组合构成用地。一般属于区域或城市级商圈地段，功能方面也是多业态、多功能组合的，如商业、办公、公寓组合等（图 2-4-63）。

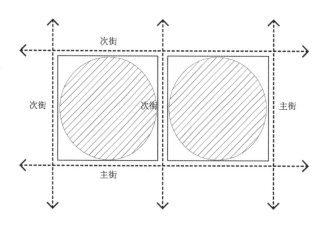

图 2-4-63　复合街区型用地示意图

用地优势：

◆ 位于商圈核心区，交通方便；

◆ 商业价值很高，具有强聚集商业效应；

◆ 成为城市目的地之一；

◆ 适于规划布局各种不同业态的商业及娱乐设施，适于超大规模的商业综合开发。

用地劣势：

◆ 周边商业开发项目较为集中，整体业态与周边商业容易产生冲突，定位比较困难；

◆ 自身不同功能的业态容易相互干扰；

◆ 整体规模超大，开发周期长；

◆ 投资大，有可能需要多个开发商联合开发。

复合街区型的商业动线规划设计是复杂的，如将旅游度假、时尚购物、都市文化、休闲娱乐等复合功能集于一体的用地，需要考虑不同功能的业态是否可以互融或是否相互干扰。如果可以互融，彼此促进，那么商业动线应该相互穿插、统一考虑，使得商业价值共同提升，商业跨街区道路，可以通过二层及以上连廊或地下增设连通道相互连通；如果不同功能的业态是相互干扰的，那么应该考虑适当分区和分隔，动线不宜交叉，但可以留有可随时关闭的通道，方便部分人流的使用（图2-4-64、图2-4-65）。

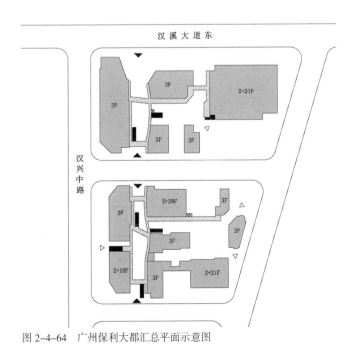

图2-4-64　广州保利大都汇总平面示意图

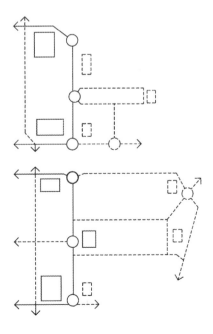

图2-4-65 广州保利大都汇动线分析图

2.4.3   地下室的考虑

规模较大的开敞式商业街往往会设有地下室，地下部分有可能是停车库，也有可能设有地下商业区。

地下是停车库时，规划设计主要关注地面车行流线尽可能不与人行路线严重交叉，特别避免车行流线与主动线交叉。同时车库内应合理考虑服务动线中的卸货区位置。

地下部分设有地下商业区时，由于地下商业的价值较低，一般情况下会更多地设置目的性消费的业态，如餐饮、超市、电影院等，这些业态都具有一定的拉动客流的作用。对于这些业态在室外地面的出入口要特别注意，常规情况下会在主动线出入口附近设计下沉广场，并结合商业动线设置地下室的楼梯和自动扶梯。这种可作为消防疏散作用的下沉广场，既可以很好地解决地下商业的室外出入口设置问题，又可以缓解地下商业对消防疏散宽度的需要（图2-4-66～图2-4-68）。

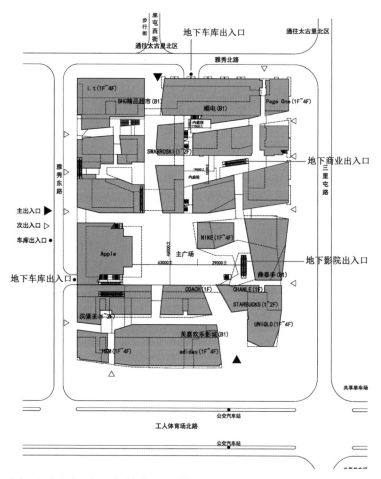

图2-4-66   北京三里屯太古里南区地下车库和地下影院出入口位置示意图

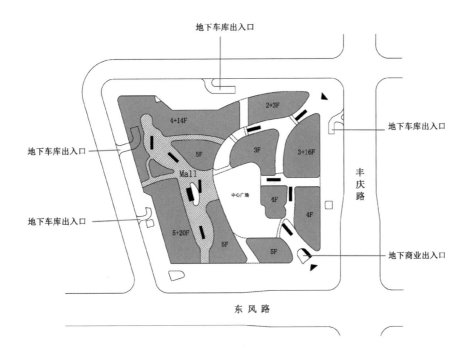

图 2-4-67　郑州海尚广场地下车库和地下商业出入口位置示意图

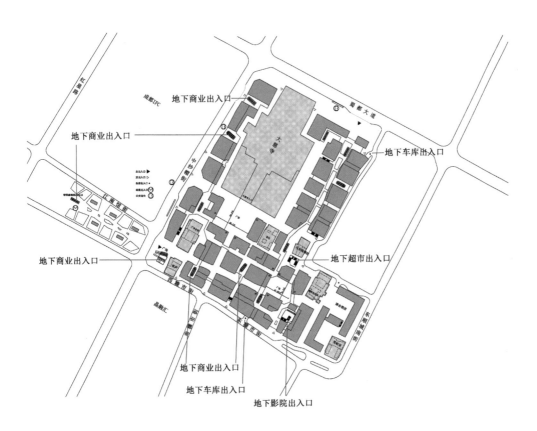

图 2-4-68　成都远洋太古里地下车库和地下商业出入口位置示意图

2.4.4　动线、节点、商业业态

从各种商业用地及对应的动线模式中可以了解到，规模小的开敞式商业街采用一条主动线结合少量节点的设计就可以将所有商业贯穿起来。但是对于规模大、用地大、功能复杂的商业项目，单动线很难满足所有商业的要求，可以用"主动线 + 次动线 + 多节点"的组合方式来解决动线规划问题。

好的动线规划设计不仅解决了开敞式商街自身的交通组织问题，还将动线设计与城市公共交通系统紧密衔接，使城市的步行系统、公交系统、轨道交通系统与商业动线形成有机的连接，将不同业态、不同规模、不同层数和不同体量的商业建筑有序、合理地结合在一起；要充分考虑到每个商店自身价值的提升，还要从消费者心理出发，创建更多的令人愉悦的消费环境和空间，更好地满足消费者对体验性消费的需求和感受。

动线上的节点一般表现为出入口空间、广场、局部放大空间等空间形态，对商业人流起到引导、转折、停留等作用，需要注意节点之间的间距不宜过近，也不宜过远，一般控制在 50m 以内为宜，并且节点处应结合楼梯和扶梯综合解决竖向交通流线问题。每个节点空间应设计成具有各自特点、可识别性强的空间形态，不要重复设置同样的空间形态，这样才可以不断地刺激顾客去探索追求不同的体验，摒除动线的乏味感，使整个动线更为灵动。

从表 2-4-1 中可以看到，"零售"和"餐饮"是开敞式商业街配置的基本业态，不可或缺，其次，"健康与生活""娱乐""文教与艺术""超市""儿童"也是国内项目中极受欢迎的业态。要特别注意的是，商业业态并非一成不变，随着消费市场的变化、创新业态的不断涌现、周边商业竞争环境的变化，商业经营者们都会对商业业态进行不断的调整或升级，尽可能地保持商业上持续的优势。

另外，在基本业态配置的基础上，更愿意增加目的性消费和体验性消费的业态，这种趋势对于有一定规模的项目来说未来有可能成为标配。

表 2-4-1　开敞式商业街案例业态分布

项目名称	开敞式商业街业态分布										
	零售	健康与生活	餐饮	娱乐	服务	电器数码	文教与艺术	超市	儿童	旅游观光	酒店或公寓
成都远洋太古里	√	√	√	√	√	√	√	√	√	√	√
北京三里屯太古里南区	√	√	√	√	√	√	√	×	√	√	√
成都鹭洲里	√	√	√	√	√	√	√	√	√	×	√
武汉纯水岸东湖东方里	√	√	√	×	×	×	√	√	√	×	×
西安老城根 G Park	√	√	√	√	×	√	×	×	√	√	×
长沙阳光 100 凤凰街	√	√	√	√	√	√	√	√	√	×	√
重庆弹子石老街	√	√	√	√	×	√	√	×	×	√	√
西安曲江创意谷	√	√	√	√	√	√	√	√	√	×	×
宜昌江南 IN 巷	√	√	√	√	×	√	√	×	√	×	√
惠州星河 COCO Garden	√	√	√	√	√	×	√	√	√	×	×
上海龙湖星悦荟	√	√	√	√	√	√	√	√	√	×	√
美国 Via Rodeo 街	√	×	√	×	×	×	√	×	×	√	×
日本涩谷宫下公园	√	×	√	√	×	√	√	×	×	×	√

项目名称	开敞式商业街业态分布										
	零售	健康与生活	餐饮	娱乐	服务	电器数码	文教与艺术	超市	儿童	旅游观光	酒店或公寓
日本南町田Grandberry Park	√	√	√	√	√	√	√	×	√	×	×
日本 Green Springs	√	√	√	√	×	×	√	×	×	×	√

健康与生活	健身、厨具、医药、烟酒茶、花卉、艺术家居、婚庆
娱乐	电影院、电玩、文娱秀、直营体验店
文教与艺术	学校课外教育、文具、图书、艺术品展卖、艺术馆
儿童	早教、儿童游乐、儿童服装
服务	美容、美发、美甲、美车、银行、宠物服务
旅游观光	历史、文化景点

2.5 建筑形态及商业氛围的营造

　　建筑设计大师彭一刚院士在其《建筑空间组合论》中提到：一件艺术品要想达到有机统一以唤起人的美感，既不能没有变化，也不能没有秩序。

　　张文忠主编的《公共建筑设计原理》中对公共建筑造型艺术有三点概括：

　　第一，多样性统一是所有建筑环境艺术创作的重要原则，当然也是公共建筑环境艺术创作的重要依据。因而，在公共建筑艺术处理中应密切结合"公共性"这一基本特征，善于处理统一中求变化、变化中求统一的辩证关系。

　　第二，形式和内容的辩证统一，既是建筑艺术形式创作的普遍法则，也是公共建筑艺术形式美的创作准绳，因而需要正确处理内容与形式之间的协调关系，并善于运用娴熟的艺术技巧和新的技术成就，更好地为创造新的建筑艺术形式服务。

　　第三，正确对待传统与革新的问题，善于吸取建筑历史传统优秀的创作经验，取其精华，去其糟粕，做到"古为今用，外为中用"，在公共建筑艺术创作中，力求不断创新。

　　以上原则同样适用于开敞式商业街的规划设计，商业动线就是开敞式商业街秩序的基础，建筑形态设计一定要为创造良好的商业氛围服务。良好的商业氛围需要好的建筑形态、景观、标识、灯光等共同营造，而作为商业氛围营造的最主要角色的建筑形态，要智慧地运用材料的对比、色彩、质感、肌理的处理，建筑体量的比例与尺度、均衡与稳定、对称与非对称、主要与从属、韵律与节奏，以及空间的连续、渐变、起伏、交错等建筑设计手法，更强调聚集性建筑的群体空间特色。成功的开敞式商业街规划设计一定有一个成功的建筑形态设计：

　　◆ 建筑形态要服务于商业定位及商业主题；

◆ 建筑形态要与区域文化相结合;

◆ 建筑形态要符合动线空间需求;

◆ 建筑形态要符合大众消费者的审美基本需求;

◆ 建筑形态要符合商品品牌形象的个性化需求。

　　成都远洋太古里发展目标是融合区域文化资产、创意时尚生活和可持续发展的商业综合体,成为世界级都市生活亮点。从图 2-5-1 中可以看出成都远洋太古里建筑群更注重统一风格下的多样性设计,强烈地传递着传统民居形制的信息,利用智慧的设计手法将旧与新、传统与现代的建筑融合在一起。通过对商业动线上空间与建筑的尺度控制,有节奏地创造出不同尺度的广场、平台、通道、廊桥等变化空间,始终给顾客移步换景的空间感受,让人们沉浸在地域文化氛围内享受现代时尚文化的体验。

图 2-5-1　成都远洋太古里

北京三里屯太古里发展目标是融合三里屯区域传统的中外人士共处的文化，打造展现繁华都市时尚生活的商业综合体，成为世界级都市生活亮点——城市客厅。

从图 2-5-2 中可以看出北京三里屯太古里的建筑群形态与成都远洋太古里是相反的，其更注重建筑多样性设计下的统一，采用现代建筑风格，强烈地传递着大都市五光十色的现代生活信息。不同的国际化形态的建筑通过商业动线高低错落、有节奏地组合在一起，结合景观、灯光、标识等形成了由尺度适宜、环境宜人的广场、平台、通道、廊桥等组合的极具现代感的建筑聚落。不同形态的建筑运用不同的现代材料在此碰撞、融合，让不同国度、不同文化背景的人们聚集此地，感受和体验北京大都市现代生活的绚丽多彩，以及其包容世界的愿景。

图 2-5-2　北京三里屯太古里

　　重庆弹子石老街（图 2-5-3）是典型的将旅游观光、传统文化与现代生活相结合的开敞式商业街形态，在最大高差近40m 的商业动线规划中，建筑形态具有明确的地域性传统建筑的文化形态，并且将西洋建筑及历史名家院落建筑有机地结合到商业动线中，传递着强烈的历史文化信息。让人们感受到跨越时空的文化内涵，这种沉浸在历史文化氛围中的商业空间，为人们提供了一种富于时代激情又不失文化厚重感的沉浸式体验。

　　上海幸福里（图 2-5-4）是典型的将上海里弄传统文化与现代生活相结合的小而美的开敞式商业街空间形态，展现了城市中的小资情调。这里集文创、办公、商业休闲于一体，双街 I 形商业动线简单明确，街两侧变化多样，现代时尚的建筑立面结合景观、文化小品等设计，给周边市民开辟了一个能与社会友好交流、休闲惬意的公共空间，在城市的一个角落搭建了一个公共的小客厅。

图 2-5-3　重庆弹子石老街

图 2-5-4　上海幸福里

　　商业建筑与其他建筑不同，建筑性格并不需要那么严肃、庄严，不需要追求简洁纯净，也并不需要完美的比例，特别是开敞式商业街中的单体建筑设计。从已经建成的项目看，它们更多地体现了多样性，就像商品一样丰富多彩，每栋建筑都可以追求自身的特点。

　　每个单体建筑设计应该遵从项目总体商业主题的要求，可以运用建筑材料的多样性来实现突出个性的需要，使得每栋单体建筑都具有自身的可识别性。在实际项目中，玻璃、金属、砖、混凝土、瓦、木材、石材、亚克力等材料经过建筑师的不同组合、质感和肌理的不同处理，结合标识、广告牌、灯光、景观、艺术小品等就可以形成丰富多彩、各具特色的商业空间环境（图2-5-5～图2-5-8）。

图 2-5-5　建筑形象采用金属、绿植墙、木材、涂料、玻璃、艺术小品相融合的上海幸福里

图 2-5-6　建筑形象采用金属、石材、砖墙、涂料、玻璃、艺术小品、广告牌相融合的上海瑞虹天地月亮湾

图 2-5-7　建筑形象采用金属、石材、砖墙、玻璃、瓦、艺术小品相融合的成都远洋太古里

图 2-5-8　建筑形象采用灰砖、红砖、灰瓦、玻璃、木材、涂料、艺术小品相融合的重庆弹子石老街

3

案例分析

在实际的开敞式商业街规划设计中,每个项目都会有自身的特点,都会有来自不同方面的约束,没有一个能完全复制和套用已有的经验,但对成功开发的商业案例的分析有助于对共性和规律性的问题达成共识,能使建筑学的学生和年轻建筑师更快地理解和掌握开敞式商业街规划设计的基本原则。

3.1　北京三里屯太古里南区

北京三里屯太古里项目（原工程名为"新三里屯时尚文化区"，建成时名为"三里屯Village"）是2008年北京奥运会前建成的大型商业项目，分为南区和北区，是迎接奥运会的重点项目之一。它是继上海新天地之后，在北方地区又一个开敞式商业街的成功开发实践案例。从规划设计来说，该项目遵循着开敞式商业街设计的基本原理，充分体现了开敞式商业街的特点。三里屯太古里南区更是因它的绚丽多彩而成为年轻人必去的时尚打卡地，并享誉海内外。

3.1.1　环境与商业动线

北京三里屯太古里南区地上由11栋建筑组成，规划审批的建筑层数最多为四层，地下为二层，其中地下一层为商业用地，地下二层为车库及机电用房，容积率为1.55，建筑密度约为53%，建筑最高局部35m（南主入口1号楼），总建筑面积9.06万平方米。

3.1.1.1　环境

● 交通环境

用地南侧工人体育场北路350m范围内共有8条线路的4个公交站点，东侧530m处有地铁10号线的团结湖站出口。用地东侧为城市支路三里屯路（双车道），南侧为城市主路工人体育场北路（8车道），西侧为城市支路雅秀东路（双车道），北侧为城市支路雅秀北路（双车道）。

三里屯太古里南区地处北京市朝阳区核心区，属于优质商业区

● 地理环境

　　距离南侧北京 CBD 区域 1.1km，距离东三环主路 530m，距离西南侧工人体育场用地 290m。东侧路的东部及东北区域为北京市著名的使馆区，西侧为"雅秀大厦"商业楼，北侧有"3.3大厦"商业楼，可以看出三里屯地区属于北京中心区的核心地区。

● 社会环境

　　由于三里屯地处使馆区域，是中国人与外国人沟通交流最为密集的地区，平时聚集了大量年轻的中国人和外国人。随着改革开放，三里屯路成了当时北京最著名的酒吧一条街，代表了当年北京最具新时尚文化的地区之一，现在也是北京年轻人夜生活最为活跃的地区之一（图 3-1-1）。

　　因此，三里屯商业的开发主题是"时尚文化区"，受众人群是追求时尚的年轻人。

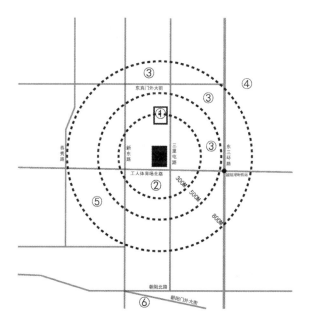

优越的位置是商业开发成功的最重要的基础要素之一

①北京三里屯太古里北区
②三里屯 SOHO
③使馆区
④中国农业展览馆
⑤工人体育场
⑥ CBD

图 3-1-1　北京三里屯太古里区位关系示意图

3.1.1.2　商业动线

　　由于北京三里屯太古里南区商业规模较大，从开敞式商业街类型看属于"街区型"，用地四周皆与城市道路相邻，商业有很长和很好的城市界面。

●动线规划

　　商业动线规划设计为"复合型动线",以贯穿南北的主动线为主,配置多个次动线连接主动线和城市空间(图3-1-2)。贯穿南北的主动线为单动线规划,整个动线规划主要有以下特征。

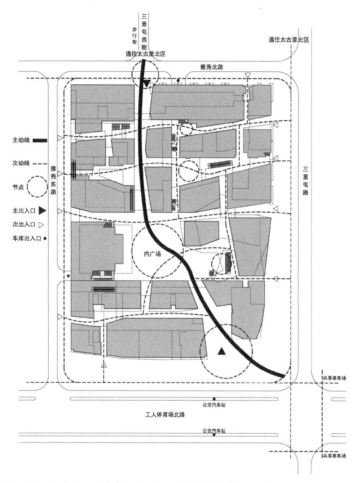

图3-1-2　北京三里屯太古里总平面及首层商业动线示意图

图3-1-3　北京三里屯太古里南侧主出入口广场

◆ 主动线南端衔接城市道路十字路口，与城市步行系统无缝对接（图 3-1-3）；

◆ 主动线南端结合城市道路十字路口空间，建筑适当退让建设用地红线，并将项目建筑最高点（24～35m）设置于此，突出了项目的城市形象，形成了较为开阔的主出入口广场空间尺度，达到了吸引商业人流、集散及凸显主出入口空间形象的目的。主动线北端衔接通往太古里北区的步行街，将南北区连接，有利于南北区商业共振，相互促进商业的发展（图 3-1-4～图 3-1-7）；

◆ 次动线衔接城市道路及主动线，形成更长的商业界面，提升用地内区商铺的价值（图 3-1-8）；

◆ 东西次动线与城市道路衔接的出入口（图 3-1-9～图 3-1-12），通过多变的设计，强调每个出入口宜人的空间尺度和每个出入口的个性形态，具有较强的可识别性。为了突出主动线出入口，南北次动线与城市道路衔接的出入口（图 3-1-13）设计十分隐晦，与主出入口形成鲜明对比，达到主次分明的效果；

图 3-1-4　南侧主入口

图 3-1-5　北侧主动线

图 3-1-6　北侧主出入口

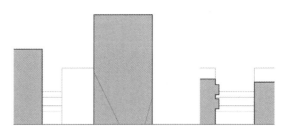

图 3-1-7　南、北主出入口空间形态概念图

图 3-1-8　首层次动线空间

图 3-1-9　东侧四个次出入口

图 3-1-10　西侧四个次出入口

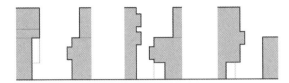

图 3-1-11　东侧三个次出入口空间形态概念图　　　　　图 3-1-12　西侧四个次出入口空间形态概念图

图 3-1-13　南、北侧次出入口

◆ 二、三层设置连桥、连廊将各楼连接形成环形次动

线（图 3-1-14），通过公共楼梯、扶梯、电梯连接

主动线，消费者可以自由方便地到达各个商铺。

图 3-1-14　二、三层环形次动线空间

●节点规划

◆ 除主动线出入口处设计动线节点外，内区还设置了广场节点；

◆ 设置内区主广场作为主节点空间，形成聚集人气效应的广场停留空间，不仅提升了广场周边商店的商业价值，而且形成了具有独特魅力的强识别性的项目标识性空间（图3-1-15）；

◆ 设置多个内区小庭院作为次节点空间，不仅让内区每个商店拥有直接对外的商业界面，同时设置上至二、三层的公共楼梯，利于顾客到达内区，提高了内区的客流量（图3-1-16）。

图3-1-15 动线节点（内区主广场）

图 3-1-16　动线节点（内区庭院）

3.1.2　业态与布局

　　南区地上四层、地下一层业态布局（图 3-1-17、图 3-1-18）具有以下特征：

　　◆ 地上主力店、精品店平面主要分布在临街、四角、主出入口、中心广场位置，并且建筑通高布局，充分体现了商业价值与主动线有机结合的特征；

　　◆ 地下主力店、精品店平面主要分布在南侧和北侧，对于地下环形动线起到有效的客流南北拉动作用；

　　◆ 对于三、四层商业价值较低的空间，设置环形动线，主要布局以目的性消费的餐饮为主业态，建筑退台设计，为餐饮提供较多的外摆空间，提升餐饮的商业价值；

　　◆ 其他皆为快时尚及轻餐业态。

业态布局需遵循商业规律

业态布局需对客流拉动有利

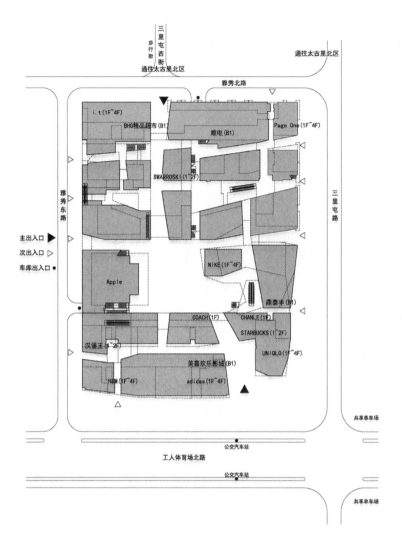

业态配置和布局应由专业团队完成

图 3-1-17 北京三里屯太古里平面业态分布示意图

主力店	餐饮	餐饮	4F
		餐饮	3F
	快时尚+轻餐	精品店	2F
	快时尚+轻餐		1F
主力店+快时尚+轻餐+服务			B1
停车库+机电用房			B2

图 3-1-18 北京三里屯太古里业态分布剖面示意图

3.1.3　空间与形态

开敞式商业街的空间与形态主要通过建筑及建筑之间的动线、广场（庭院）空间的比例来控制。

3.1.3.1　出入口空间与形态

南侧主出入口广场尺寸约为 35m×55m，与城市步行系统融为一体，既作为商业主动线的起点，也是人流集散的主要广场。

建筑出入口东南角是整个项目的社会标志性形象，也是整个项目的建筑制高点，高低错落的建筑强烈地突出了主出入口的空间形态，出入口开口宽度与建筑高度比为 1∶1～1∶2.1（图 3-1-19）。

北侧主出入口作为南区主出入口之一，同时又作为与太古里北区的连接口，相对南侧主出入口有所弱化，出入口开口宽度与建筑高度比为 1∶1～1∶1.4（图 3-1-20）。

东西两侧次出入口，作为衔接周边市政道路人行系统的连接口，全部弱化设计，通过变化多端的口部形态设计，形成可识别性较强的不同口部空间，而且弱化口部高与宽的比例关系，与南北主动线出入口形成较大的差异，主次分明。（图 3-1-21～图 3-1-23）

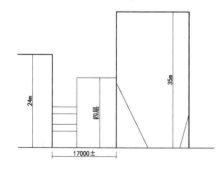

图 3-1-19　南侧主出入口（主动线）空间尺度图

图 3-1-20　北侧主出入口（主动线）空间尺度图

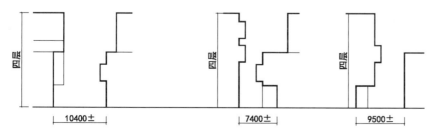

图 3-1-21　东侧次出入口（次动线）空间尺度图

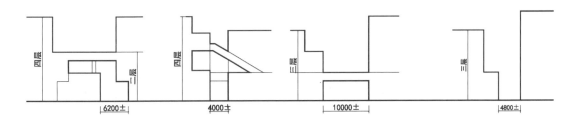

图 3-1-22 西侧次出入口（次动线）空间尺度图

图 3-1-23 东侧建筑与城市空间的建筑界面

3.1.3.2 广场空间与形态

北京三里屯太古里南区内区主广场的设置及利用，充分发挥了提升内区商业价值、创造激动人心的停留空间、打造主动线重要节点的作用。广场平面尺度约为 43m×46m，周边建筑3 ~ 4 层，建筑高度 18m 左右，高宽比为 1：2.4 ~ 1：2.6（图3-1-24、图 3-1-25）。

内区设有多个内庭院，与主动线联系紧密，并作为次动线的节点空间，最大限度地增加商铺的对外空间界面，尽可能地提升内区商铺的商业价值，同时丰富开敞式商业街区空间的层次。空间比例为 1：0.75 ~ 1：1.3，小于 1 的空间比例会给人带来一定的压迫感，建议在这种空间中应提高建筑形态的丰富度，弱化人对建筑尺度的感受（图 3-1-26、图 3-1-27）。

图 3-1-24 内区主广场空间平面尺度

图 3-1-25 内区主广场

图 3-1-26 内区庭院空间平面尺度

图 3-1-27 内区庭院

3.1.4 理性与感性

在北京三里屯太古里的规划设计中，动线的设计、业态的布局、空间尺度的控制、结构柱网的设计都是非常理性的，但并非所有规划及建筑设计的要素都是富有逻辑和有严格的比例关系的。

在平面规划中，可以看到很多斜线的设计就是非常感性的，并不是每条斜线都有严格的比例或角度关系，更多的是为了强化空间的"趋向感"，并可达到动线的视线"通而不畅"的目的，同时提升建筑形态的丰富度（图 3-1-28）。

建筑立面材料的运用也是相当感性的，有的突出商业品牌的特性，有的是动感十足的玻璃幕墙折面，也有将石材、玻

"通而不畅"是商业动线追求的空间效果，"通而不畅"更能驱动顾客的流动

璃、金属相结合的高雅精致的设计，使得各栋建筑个性十足（图3-1-29）。

图 3-1-28　斜向空间设计

图 3-1-29　运用不同外墙材料的设计

3.2 成都远洋太古里

　　成都远洋太古里是由太古地产和远洋地产合作开发的大型商业项目，是继北京三里屯太古里之后又一个成功的开敞式商业街的开发，并与北京三里屯太古里相互呼应，更提升了作为开敞式商业街的太古里品牌的知名度及商业价值。

　　成都远洋太古里是将旅游景点与商业结合的商业开发，规划汲取城市传统街道、院落的特点，建筑风格是用现代设计手法创新地演绎传统建筑的风貌，结合保留的特色建筑和院落，使整个项目具有强烈的文化内涵和现代商业氛围，是一个极具代表性的商业开发项目，并已成为城市生活目的地之一。

　　从规划设计来说，该项目始终遵循着开敞式商业街设计的基本原理，充分体现开敞式商业街的特点。在复杂的用地条件中，运用成熟的商业规划设计手法，充分利用已有环境资源，最大限度地提升整个地段的商业价值。

3.2.1　环境与商业动线

　　成都远洋太古里地上由 30 栋建筑组成，规划审批的建筑为四层，地下为二层，其中地下一层为商业，地下二层为车库及机电用房，容积率为 1.48，建筑密度约为 60.36%，总建筑面积约 223 500m²。

3.2.1.1　环境

●交通环境

　　用地北侧为蜀都大道双向 8 车道城市主干道，西侧为双向 4 车道的中纱帽街，东侧为双向 4 车道的东顺城南街，南侧为单向单车道的城市支路东糠市街，用地边界上共有 8 条线路的

3 个公交站点，距离用地西南角西侧约 180m 处为春熙路地铁站出入口。

● 地理环境

用地西北侧紧邻成都 IFS 城市综合体，西南侧为"晶融汇"城市综合体，距离东大街 CBD 区域约 160m，距东南侧用地约 270m 为府河，东北侧为蜀都大道（图 3-2-1）。

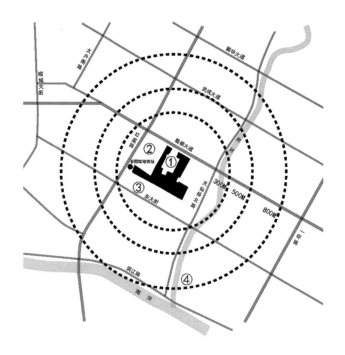

商业与历史文化的融合，可大大提升地段的商业价值，同时为顾客提供更有文化体验的商业环境，提高了商业竞争力

1 大慈寺
2 成都 IFS 城市综合体
3 "晶融汇"城市综合体
4 兰桂坊

图 3-2-1　成都远洋太古里区位关系示意图

● 社会环境

大慈寺片区从古至今一直是蓉城中心繁华区域，也是成都历史文化保护街区之一，建于 3 世纪至 4 世纪之间的大慈寺是国际佛教文化和艺术的交流中心之一，整个区域人文底蕴深厚。

东侧成都 IFS 城市综合体大大提升了春熙路商圈的商业氛围，成了城市时尚文化目的地之一，成都远洋太古里的建成更是为专业人士、企业家、时尚消费者以及中高端收入的游客提供了一个充满文化体验、更为开放的 24 小时开敞式商业街区。

3.2.1.2　商业动线

成都远洋太古里占地 223 500m^2，规模很大，从开敞式商业街类型看属于"街区型"，用地四周皆有城市道路，但有 35% 的商业边界未能直接与城市道路相邻，对于商业布局还是有较长的城市界面的。

●动线规划

商业动线规划设计为复合型动线，主动线规划从春熙路地铁站出入口以 L 形贯穿商业街区中的西区南端、中区和东区至城市主路蜀都大道，并配置多个次动线衔接城市步行道路系统及内区各个商街（图 3-2-2）。主动线为单动线规划，整个动线规划主要特征如下。

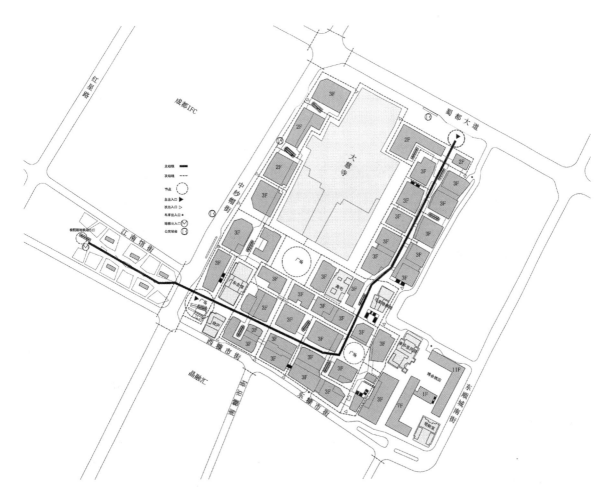

图 3-2-2　成都远洋太古里总平面及首层商业动线示意图

◆ 主动线的一端衔接城市春熙路地铁站口，跨越中纱帽街到达主出入口广场，主动线与城市步行系统无缝对接。主出入口结合城市道路十字交叉口步行空间，建筑适度退让建设用地红线，形成51m×33m的主出入口广场空间，设置垂直高耸的精神堡垒，保留原有的单层"欣庐"和广东会馆老建筑，布局3层高的主力店建筑，形成半围合空间与城市空间融合，突出项目的传统文化与现代商业空间高度融合的特色（图3-2-3～图3-2-6）；

◆ 主动线的另一端与城市主干道蜀都大道步行系统衔接，建筑适度退让用地红线，结合城市道路步行系统形成120m×30m带状集散广场，与大慈寺入口前

图 3-2-3　主动线春熙路地铁站出入口

图 3-2-4　主动线南主出入口广场

图 3-2-5　中区主动线出入口

图 3-2-6　中区主动线

小广场连接，形成旅游客流与商业客流的融合（图
3-2-7、图 3-2-8）；

◆ 由于建设用地部分被大慈寺断开，形成围绕大慈寺
东、南、西的 U 形用地，次动线沿着主动线周边分布，
主要衔接城市道路步行系统及主动线，形成更长的商
业建筑的对外界面，提升用地内区商铺的价值。大慈
寺东、西侧部分商业的次动线规划与主动线的衔接较
弱，特别是沿大慈寺东、西围墙一侧顾客抵达性较
差；

◆ 次动线与城市道路步行系统衔接的次出入口在统一
的建筑风格下，通过精致的细节设计和对空间尺度的
把控，满足商业人流导入的需求，但并未强化次出入
口的空间形态个性。由于建筑仅为 2 ~ 3 层，而 3 层
的部分空间处于坡屋面内，坡屋面檐口高度相当于 2.5
层的高度，坡屋面坡度皆为 25°，因此空间形态比例
控制较为容易（图 3-2-9 ~ 图 3-2-12）；

◆ 仅二层设置连桥、连廊，将各楼连接形成次动线，
各层通过公共楼梯、扶梯、电梯连接主动线，消费者
可以自由方便地到达各个商铺。但由于局部用地被大
慈寺分为两部分，因此二层东区、西区部分不能形成
相互连接的动线系统（图 3-2-13 ~ 图 3-2-15）。

大慈寺西侧沿城市主要道路的商业价
值仍然较高，但沿大慈寺东、西围墙
一侧区域商业价值较低，主要设置了
目的性消费的餐饮业态

次出入口在统一的建筑风格下，可以
把控空间形态的尺度、满足客流的导
入功能，是采用整体协调统一的设计
手法

图 3-2-7　蜀都大道主动线主出入口广场

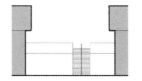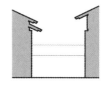

图 3-2-8　西、北主动线出入口空间形态概念图

图 3-2-9　南侧次出入口　　　　　　　　图 3-2-10　西侧次出入口

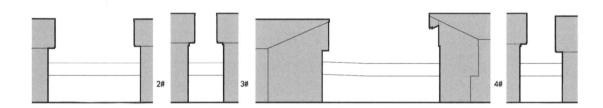

图 3-2-11　西侧次动线出入口空间形态概念图

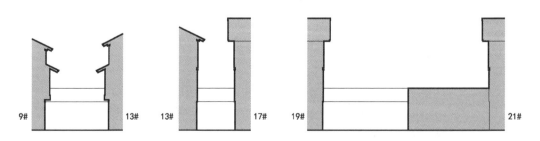

图 3-2-12　南侧次动线出入口空间形态概念图

图 3-2-13　二层主动线（一）

图 3-2-14　二层主动线（二）

图 3-2-15　西区次动线

●节点规划

除在主动线的主出入口设置广场节点外，为提高内区商业价值，解决大慈寺出入口集散的需求，内区设置了两个主要广场节点。

◆ 在用地内区与大慈寺入口接合部规划了一个内广场（图3-2-16），作为动线节点空间之一，既符合城市规划人流集散的要求，又形成聚集人气效应的广场停留空间，不仅提升了广场周边商店的商业价值，而且形成具有传统文化并与现代商业完美融合的具有独特魅力的强识别性空间形态；

◆ 在L形主动线的转角处——也是用地内区——设置第二个内广场，作为主动线节点，也是多个次动线的交会点，并围绕广场设置主力店，使此节点商业价值大大提升，对商业客流起到强有力的拉动作用，并形成强识别性的空间形态（图3-2-17）。

图3-2-16　中区次动线节点（大慈寺门前广场一角）

图3-2-17　L形主动线节点（转角处内广场）

3.2.2　业态与布局

成都远洋太古里地上二、三层和地下一层业态布局（图3-2-18、图3-2-19）具有以下特征。

◆ 地上零售店大都是国际一线品牌的精品店，主力店（苹果、i.t、ZARA、无印良品、奔驰、特斯拉）主要布局在城市道路交叉点部位、主动线上、内广场（主动线节点）、主出入口位置，对主动线有强有力的支撑作用；

◆ 地下主力店（方所、百丽宫影城、Ole'精品超市、威尔士健身）合理地布局在 U 形用地端部，并在多处设置扶梯、楼梯、电梯，与地上商业区连通，又在地下动线的东南角直接与春熙路地铁站接驳，对地下客流起到强有力的支撑和拉动作用；

◆ 在大慈寺围墙东、西侧商业价值较低的区域，布局目的性消费的餐饮业态，并提供适当的餐饮外摆区，这种布局不仅能满足效率功能的要求，同时也提升了内区的商业价值。

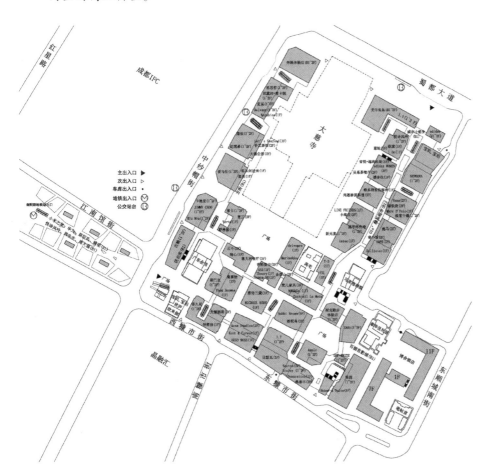

图 3-2-18　平面业态分布示意图

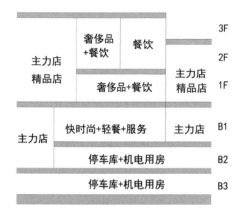

图 3-2-19　业态分布剖面示意图

3.2.3　空间与形态

空间与形态是通过对建筑与建筑之间的空间尺度及建筑形态的控制来实现的。

西南主动线出入口广场平面尺寸约为 51m×33m，与城市步行系统融合为一体，不仅有人流集散功能，还作为主动线主要节点之一。广场以 1～3 层建筑形成半围合空间，并设置垂直向上的项目精神堡垒，新旧建筑结合，成为整个项目的社会标志性形象。

主动线建筑空间入口宽约 11.4m，建筑檐口高度约为 2.5 层，空间宽高比例为 1：1.06（图 3-2-20）。

北侧主动线出入口广场平面尺寸约为 120m×30m，与城市步行系统融合为一体，不仅用于人流集散，还作为主动线主要节点之一。两层建筑之间的主入口空间宽度约为 18.5m，宽高比例约为 1：2（图 3-2-21）。

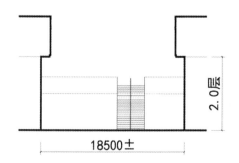

图 3-2-20　北侧主动线出入口尺度　　　　　图 3-2-21　西侧主动线出入口尺度

南、西侧次动线的出入口，作为衔接周边市政道路步行系统的衔接口，空间形态设计原则基本一致（图3-2-22、图3-2-23）。

大慈寺门前广场衔接市政道路的垂直（南糠市路）和水平路按规划要求道路红线宽为9m和12m，对应动线口部建筑的高度为2.5层（檐口高度）和3.0层（屋脊高度），空间宽高比例为1∶1.3和1∶0.7。其他次动线出入口空间宽高比例为1∶2.2～1∶0.5。

成都远洋太古里内广场的规划设计，对用地内区的商业价值的提升和动线的组织起到了关键的、良好的作用，广场周边商业建筑高度皆为3.0层，空间高（檐口）宽比例为1∶4和1∶2.2（图3-2-24）。从比例来看，广场尺度是比较大的，符合作为主广场的空间尺度要求。

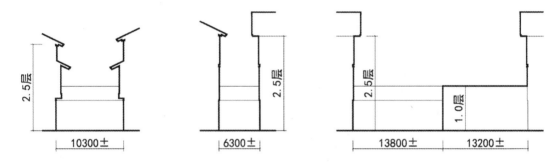

图3-2-22　南侧次出入口尺度

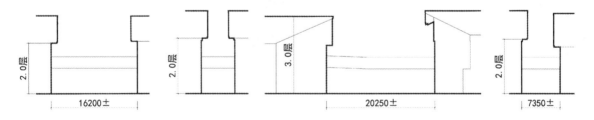

图3-2-23　西侧次动线出入口尺度

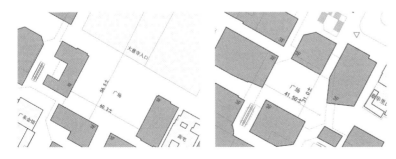

图3-2-24　内广场尺度

3.2.4　理性与感性

在成都远洋太古里规划设计中,需要面对复杂的规划用地、保留现有建筑、结合旅游景点等问题,从中可以看出规划设计更多是理性的设计。无论对动线空间尺度的把握,还是建筑形态对传统建筑的演绎,抑或景观、标识、艺术小品,都是追求理性的设计,处处都体现了精致的细节设计。

但商业建筑并非只需要理性,同样也需要感性。就像皮亚诺在阐述其设计语言的心得时说过"理性不会唱歌,直觉才会"。苹果、迪奥、爱马仕、古驰品牌就非常感性地采用自主商业品牌的建筑语言将原有建筑进行修改,以便突出自身的品牌价值(图3-2-25),但太古里还是太古里,项目特质并未被改变,这就是开敞式商业街规划设计的魅力。

图 3-2-25　苹果、迪奥、爱马仕、古驰品牌店面

4

第 四 章

开敞式商业街建筑详图

设计一个开敞式商业街项目，是一个非常复杂的工程，一定要按照商业的需求把控各种细节设计，将美观与商业需求完美地结合，才可以成为高品质的商业项目，避免导致商家进驻后因为商业的需要随意破坏建筑主体。建筑师在设计时就要按满足未来商业经营的基本需求进行设计，同时还要考虑更多的变化需求。

4.1 建筑外廊及店招详图

外廊和店招是开敞式商业街重要的建筑,是商业展示要素,应该在开敞式商业街设计中整体考虑。

外廊作为开敞式商业街二层及以上楼层连接各个商店的交通步道,不仅要具备基本交通功能,还要考虑作为消防疏散通道净宽的规范要求,更要考虑顾客步行体验和商业的需求,如适当考虑设置遮阳和挡雨的设施、适当考虑商店外摆的空间需求、栏板避免遮挡首层客流仰观楼层商业标识的视线等。

店招是商店展示的一部分,既要考虑与整体建筑协调,不能形成杂乱无章的状态,同时又要考虑每家商店的个性需求,要控制有度。具体设计案例见图 4-1-1~图 4-1-7。

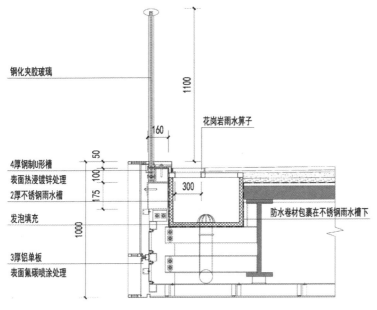

图 4-1-1 二层外廊节点

图 4-1-2 成都远洋太古里二层外廊

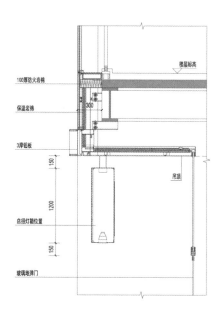

图 4-1-3　门头店招节点

图 4-1-4　成都远洋太古里门头店招

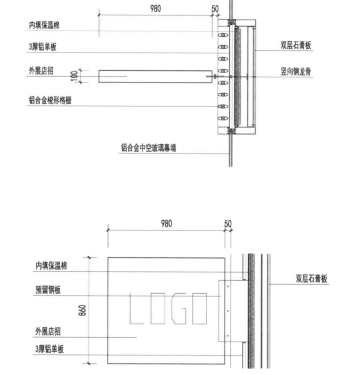

图 4-1-5　悬挂店招平面、立面节点

图 4-1-6　成都远洋太古里悬挂店招

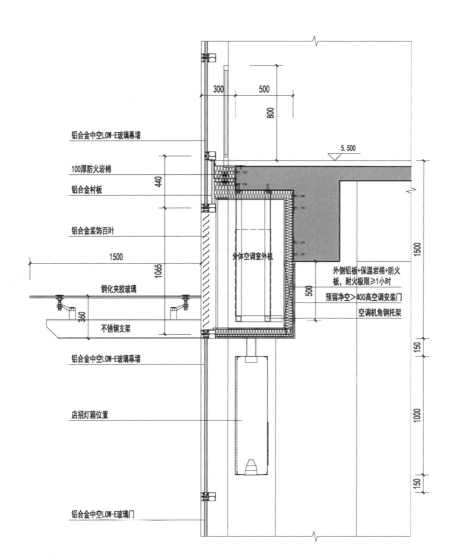

铝合金中空LOW-E玻璃幕墙

100厚防火岩棉

铝合金衬板

铝合金装饰百叶

钢化夹胶玻璃

不锈钢支架

铝合金中空LOW-E玻璃幕墙

店招灯箱位置

铝合金中空LOW-E玻璃门

分体空调室外机

外侧铝板+保温岩棉+防火板，耐火极限≥1小时

预留净空>400高空调安装门

空调机角钢托架

300　500

800

5.500

440

1500

1065

360

1500

500

150

1000

150

图 4-1-7　分体空调室外机、店招及玻璃雨棚节点

4.2 地下生活超市布局

生活超市一般分小型超市、大型超市、精品超市等。由于超市属于目的性消费业态，租金也相对较低，因此不会设在商业价值很高的位置，国内一般设置在地下一层，也有个别项目设于地上二层。小型超市规模可根据需要确定，大型超市占地为 10 000 ~ 20 000m²，精品超市占地为 2500 ~ 6000m²。设计超市时，经营业主都会有专业任务书。一般品牌生活超市都有自己的专业任务书，其中对规模、布局、柱网、净高、电梯、机电、交付标准等信息都有要求。设计时需要关注以下要点。

◆ 应设计独立的出入口。由于超市经营方式和经营时间与其他业态不同，因此应该设有独立的出入口。出入口需要与其他空间，如地下车库、其他地下商业、地面等，通过自动扶梯或自动步道的方式连接，以便顾客推车和手提货物上下楼（图 4-2-1 ~ 图 4-2-3）；

◆ 一般要求结构柱网在 8.4m×8.4m ~ 9m×9m；

◆ 大型超市净高 4m 左右，不低于 3.5m，考虑到集中空调通风管道的因素，层高可按 5.5m 考虑；

◆ 货梯可按 2t 考虑，电梯门宽 1.8 ~ 2.0m，轿厢净空 2.4m×2.4m 左右；

◆ 对于大型超市，单层面积以 5000m² 左右为宜；

◆ 地下卸货区车行净高可按 2.5 ~ 3m 考虑，在卸货区须设置卸货平台。

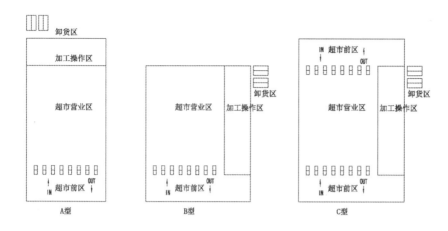

图 4-2-1　超市平面模式示意图

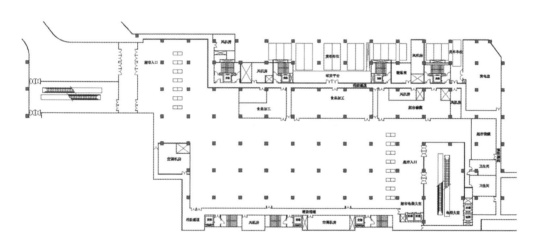

图 4-2-2　成都远洋太古里地下一层 Ole' 精品超市平面示意图（结构柱网 9m×9m）

图 4-2-3　成都远洋太古里地下一层 Ole' 精品超市

4.3　电影院布局

在大型的商业购物中心项目中，需要考虑业态的多样性和丰富性，电影院便是重要的被选业态之一。大型的开敞式商业街也会如此，不同的是电影院往往设计在地下。作为强目的性消费的商业主力店的地下室院线，位置选择应遵循以下原则：

◆ 尽可能将地下影城布置在商业动线的端头：这种布局可以让通过动线到达影城的大量商业人流与动线上的其他商业产生更多互动机会，从而创造更多的消费机会，提升影城周边商铺的商业价值；

◆ 影院位置可选择在地下商业动线中商业价值较低的位置，将更高价值的商业空间让给其他非目的性消费的商业业态，从而提升整体商业空间价值，避免出现过多的低价值商业空间；

◆ 地下影城应设置独立对外的出入口：考虑到影城与其他商业业态的经营时间的差异，在其他商业业态关闭的时候，影城仍然会营业，特别是晚上，独立的出入口可以让看完电影的顾客单独疏散到室外。

根据《电影院建筑设计规范》JGJ 58-2008，电影院按照规模可划分为特大型、大型、中型、小型（表4-3-1）。

当今，在商业建筑中设置的电影院都是数字立体声电影院，观众厅长度不宜大于30m，观众厅长度与宽度的比例宜为（1.5±0.2）：1。

开敞式商业街的影城一般都考虑设在地下一层，但需要占据2个层高（9m左右的层高），大厅地面相当于地下二层标高，地下院线需要关注要点如下。

表 4-3-1 根据规模划分的电影院类型

类型	总座位数（座）	放映观众厅数量（个）	备注
特大型	> 1800	≥ 11	单个厅面积 > 400m²，位置不能设于四层以上（含四层）
大型	1201 ~ 1800	8 ~ 10	
中型	701 ~ 1200	5 ~ 7	
小型	≤ 700	> 4	

◆ 由于电影院的影厅结构跨度比较大，总平面位置尽可能不设置在消防车道下方；

◆ 每个影厅出入口方向需要注意，一种是同方向进出，另一种是上进下出，具体选择哪种模式与经营有关，需要与业主沟通后决定，一般选择同层进出；

◆ 考虑到院线未来经营的需要，影厅不宜过少，并宜有大小之分，一般不会少于 6 个厅，是否配置巨幕厅和 VIP 厅及数量多少需要经营方确定；

◆ 院线设计需要考虑独立的扶梯、服务电梯及后勤通道。

参照周洁著的《商业建筑设计》中的经验，多厅影院各部分空间要求如下：

◆ 大放映观众厅：净高 ≥ 9.5m，250 ~ 400 座；中放映观众厅：净高 ≥ 8m，150 ~ 250 座；小放映观众厅：净高 ≥ 6.5m，80 ~ 150 座；

◆ 进场、散场走道：净宽宜为 3.2 ~ 4.5m，理想高度为 4.2m；

◆ 大堂、休息厅：净高在 5.5m 以上，理想高度为 8m，为取得良好的空间效果，大堂高度常设两层通高；

◆ 放映机房：净高需 3.6m 以上，进深（后墙面无设备时）对 35mm 影片至少 3.6m，而对 75/35mm 影片至少 4.2m。

另外，影城的面积规模并不是一个定数或一个等比关系，需要根据影院管理公司的管理需求和经营模式，以及影城内影厅大小、不同影厅组合方式而确定。比如，有的影城是在同一层集中布局，有的影城是在两层上下布局，有的影城包含较多 VIP 小厅等，因此，影城设计与布局尽可能按照满足影院管理公司的要求进行。

对于 8 个厅的影城，如果含有一个 IMAX 厅，面积规模建议按 5000m² 左右考虑。大堂面积可按 500m² 左右控制，大堂功能须兼顾售票、等候、休息、展示、零售等。影厅进入和散场出入口多种多样，具体位置应结合影院区流线组织综合考虑。厅内座椅排距考虑到舒适性，一般在 1.1 ~ 1.3m。在大堂和观众厅区域都须考虑设置卫生间（图 4-3-1 ~ 图 4-3-7）。

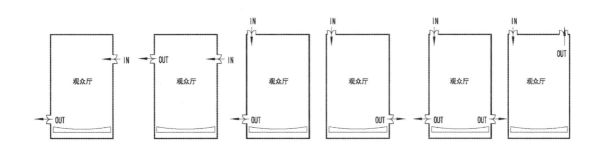

图 4-3-1　影院观众厅进出平面主要模式

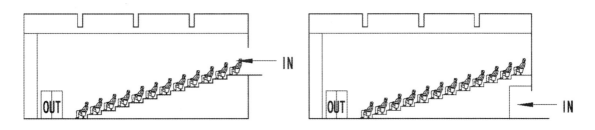

图 4-3-2　影院观众厅进出剖面主要模式

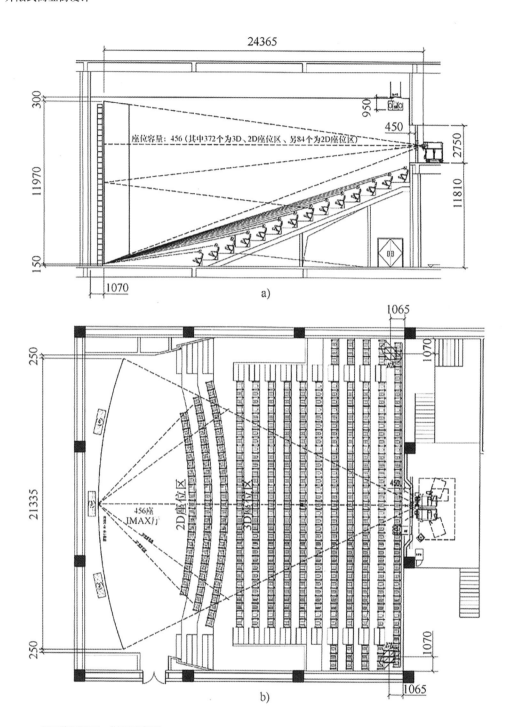

图 4-3-3　456 座巨幕厅平面、剖面示意图

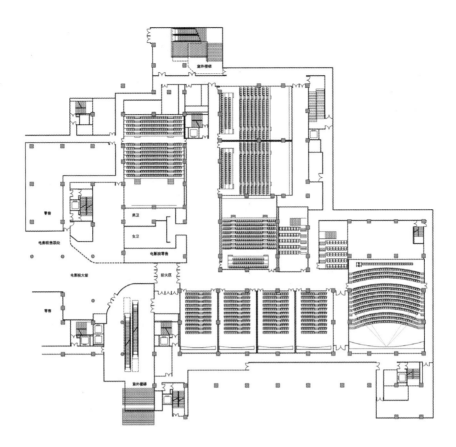

图4-3-4 成都远洋太古里地下一层百丽宫影城平面示意图

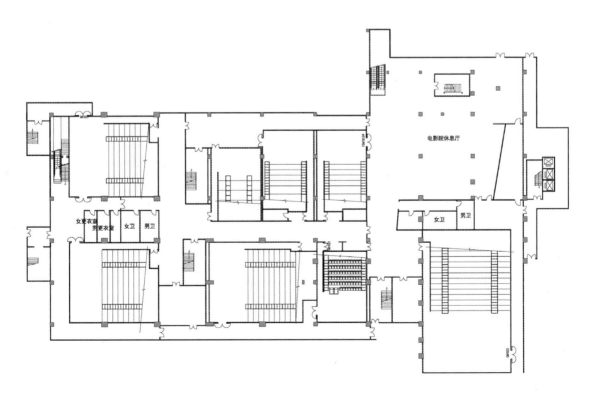

图4-3-5 北京三里屯太古里地下一层美嘉欢乐影城平面示意图

图 4-3-6 北京三里屯太古里地下一层美嘉欢乐影城

图 4-3-7 成都远洋太古里地下一层百丽宫影城

4.4 室外条形排水沟

　　为了追求室外硬质铺装拥有更加精致、美观的效果，同时又能满足室外地面排放雨水的要求，条形排水沟被建筑师、景观设计师钟爱，特别是不锈钢条形排水沟被广泛采用（图4-4-1、图4-4-2）。

　　需要注意的是，由于不锈钢条形排水沟的排水口很窄，因此每隔一段距离以及在排水沟转折位置需要设置可开启的检修口，以便用高压水枪清理沟道，并在检修口处清淘沟内沉积物。

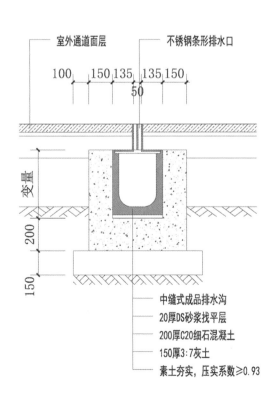

图4-4-1　不锈钢条形排水沟详图

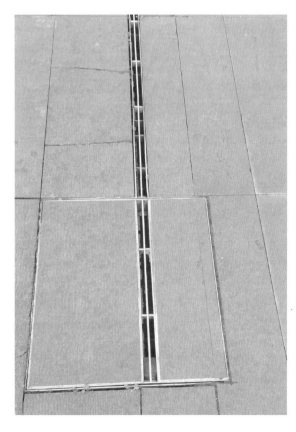

图4-4-2　上海尚悦街室外条形排水沟

4.5   地下室顶板树池剖面详图

在工程设计中,经常需要在广场、主动线、庭院空间内设置景观种植树,而这些位置的地下经常为地下设施,如地下商业、车库或机电用房等。为了保证地下室净空的要求,需要考虑景观种植树可能会影响地下室的层高,地下室顶板树池的做法可参考图 4-5-1、图 4-5-2。

图 4-5-1   北京三里屯太古里首层主动线地下室顶板种植树

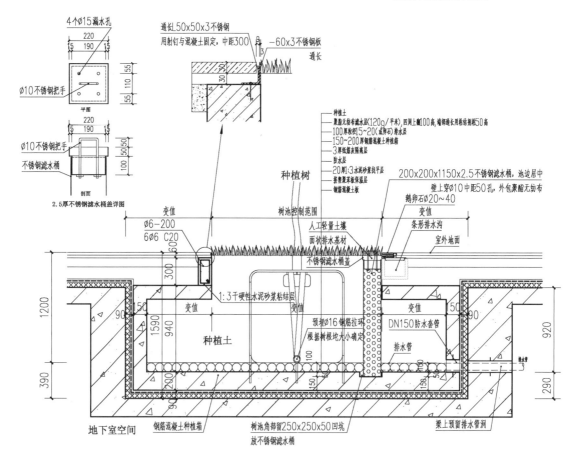

图 4-5-2   地下室顶板树池剖面详图

CHAPTER

5

第 五 章

开敞式商业街设计
技术要点

5.1 开敞式商业街防火设计要点

在建筑分类中商业建筑属于"人流密集型场所"的建筑，这种场所被定义为火灾危险性和危害性较为严重的场所，因此消防设计对于商业建筑设计来说是一个至关重要的技术设计，也是众多建筑师在商业建筑设计中难以把控的技术部分。

防火设计规范经历过多次修编，新版国家规范是《建筑设计防火规范》GB 50016-2014（2018 版）。新版规范对以往全国各地区自有不同的商业建筑防火设计地方标准进行了技术统一、提升和规范化，商业建筑部分的防火设计是这次新版规范修编的重点部分之一，为新型商业建筑设计的防火设计提供了完善的依据，适应现代商业建筑的发展。

5.1.1 总平面防火设计要点

5.1.1.1 消防车道

车道的净宽度和净空高度均不应小于 4m（包括过街楼），转弯半径应满足消防车转弯的要求。尽端式消防车道应设置回车道或回车场，回车场的尺寸不应小于 12m×12m，对于高层建筑不宜小于 15m×15m，供重型消防车使用时，不宜小于 18m×18m。

室外消防车道规划要求

消防车的转弯半径，一般来说多层建筑的转弯半径可以按 9m 考虑，设计高层建筑时消防车转弯半径可以按 12m 考虑。

为了营造良好的景观效果，景观设计经常在消防车道两边设置较大的乔木，这是应该避免的设计误区，因为在火灾情况下这些乔木的树干会影响消防车的通行。

街区内的道路应考虑消防车的通行，道路中心线间的距离不宜大于 160m。当建筑物沿街道部分长度大于 150m 或总长度大于 220m 时，应设置穿过建筑物的消防车道。确有困难时，应设置环形消防车道。占地面积大于 3000m² 的商店建筑应设置环形消防车道，确有困难时，可沿建筑的两个长边设置消防车道。

在开敞式商业街设计中考虑利用商业主街作为消防车道设计时，必须注意消防车道与建筑之间的距离宜不小于 5m，局部可以小于 5m。如果建筑之间设有连桥联通时，连桥下净空、净宽须不小于 4m。

开敞式商业街经常由多栋独立建筑组成，多栋独立建筑首层占地面积之和大于 3000m² 时，应考虑设置环形消防车道。

5.1.1.2　防火间距

开敞式商业街设计中须考虑商业街中各个单体建筑之间的防火间距，同时还要考虑商业街建筑与周边现有建筑之间的防火间距。防火间距不应小于表 5-1-1 的规定。

建筑防火间距要求

表 5-1-1　建筑防火间距要求				
建筑类别	高层民用建筑	裙房和其他民用建筑		
	一、二级	一、二级	三级	四级
防火间距（m）	13	9	11	14
	9	6	7	9
	11	7	8	10
	14	9	10	12

5.1.1.3　消防车登高操作场地

在开敞式商业街设计中出现与高层建筑相邻的建筑时，高层建筑需要设计消防车登高操作场地。场地的长度和宽度分别不应小于 15m 和 10m；对于建筑高度大于 50m 的建筑，场地的长度和宽度分别不应小于 20m 和 10m。场地应与消防车道连通，场地靠建筑外墙一侧的边缘距离建筑外墙不宜小于 5m，且不应大于10m; 高层建筑物与消防车登高操作场地相对应的范围内，应设置直通室外的疏散楼梯或直通疏散楼梯间的出入口，高层建筑消防电梯前室也应直接对应消防车登高操作场地。

5.1.2 建筑防火分区

防火分区是建筑消防设计最基本的要求

表5-1-2 建筑防火分区面积要求

名称	耐火等级	防火分区最大允许建筑面积（㎡）
高层民用建筑	一、二级	1500
单、多层民用建筑	一、二级	2500
	三级（≤5层）	1200
	四级（≤2层）	600
地下或半地下建筑	一级	500

注:
1. 表中规定的防火分区最大允许建筑面积：当建筑内设置自动灭火系统时，可按本表的规定增加1倍；局部设置时，防火分区的增加面积可按该局部面积的1倍计算。
2. 裙房与高层建筑主体之间设置防火墙时，裙房的防火分区可按单、多层建筑的要求确定。
3. 建筑内设置自动扶梯、敞开楼梯等上下层相连通的开口时，其防火分区的建筑面积应按上下层相连通的建筑面积叠加计算。
4. 一、二级耐火等级建筑内的商店营业厅、展览厅，当设置自动灭火系统和火灾自动报警系统，并采用不燃或难燃装修材料时，其每个防火分区的最大允许建筑面积应符合下列规定：设置在高层建筑内时，不应大于4000m²；设置在单层建筑或仅设置在多层建筑的首层内时，不应大于10 000m²；设置在地下或半地下时，不应大于2000m²。

● 防火分区设计中的特别限制

餐饮区独立分区：考虑到餐饮区是带有明火的厨房区域，因此对于餐饮区防火分区设计应当独立分区，这样可以更好地防止火灾蔓延。

集中餐饮、多厅影院、儿童活动等区域是防火设计的重点区域

影院独立分区：考虑到影院区瞬时人流很大，为了降低火灾危险性，消防设计标准中已明确规定此区域需要独立防火分区，并且每一个影院防火分区需要单设一部独立使用的疏散楼梯。设于三层以上的影院的每个影厅面积不能超过400m²。类似

剧场、礼堂等瞬时人流很大的功能区与影院要求是一样的。

儿童活动独立分区：考虑到儿童作为弱势群体，防火自救和疏散能力都较弱，因此儿童活动区也应独立防火分区，并且不应设在三层以上和地下、半地下的楼层，每一个防火分区需要单设一部独立使用的疏散楼梯。注意此疏散楼梯通过其他楼层时，其疏散宽度不能计算到其他楼层的疏散宽度内。

设计在地下室的餐饮区，防火分区面积应不超过 500m²，设置自动灭火系统和火灾自动报警系统后可以增加至 1000m²。

地下餐饮区防火分区需要严格控制

5.1.3 消防疏散和避难设计

消防疏散设计是商业建筑中的技术难点之一，也是消防设计需要重点解决的问题之一。主要考虑的要点有安全出口、疏散距离、疏散宽度等设计。

5.1.3.1 安全出口

安全出口可以是满足疏散宽度的建筑外门，也可以是楼层中满足疏散宽度并可直通室外的疏散楼梯间（防烟楼梯间、室外疏散楼梯等）的防火门，或是满足要求设在防火分区防火墙上的防火门等。

消防疏散安全出口

每个防火分区或一个防火分区的每个楼层，其安全出口的数量应经疏散计算确定，且不应少于 2 个。设置 1 个安全出口或 1 部疏散楼梯时应符合：建筑面积不大于 200m² 且人数不超过 50 人的单层或多层建筑的首层；满足表 5-1-3 的情况。

表 5-1-3 可设置 1 个安全出口或 1 部疏散楼梯的公共建筑			
耐火极限	最多层数	每层最大建筑面积（㎡）	人数
一、二级	3 层	200	第二、三层的人数之和不超过 50 人
三级	3 层	200	第二、三层的人数之和不超过 25 人
四级	2 层	200	第二层的人数不超过 15 人

应特别指出的是通向设有满足疏散要求、直通地面的疏散楼梯的屋顶平台（平台下为室内空间）也可作为安全出口。在开敞式商业街中经常将二层设计为首层退台形式，退台后的屋面作为二层连接商业各个店铺的安全疏散通道，可通过室外楼梯到达首层地面（图5-1-1~图5-1-3）。

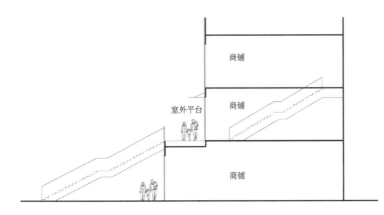

设有通往地面疏散楼梯的屋顶平台可作为疏散通道

图5-1-1　利用屋顶平台疏散的剖面示意图

图5-1-2　日本宫下公园商业室外楼梯

图 5-1-3　成都远洋太古里室外楼梯

　　设有直通地面室外疏散楼梯的下沉广场也是众多建筑师用来解决地下消防疏散问题的特别有效的方法。作为用于地下室消防疏散使用的下沉广场，其面积须不小于 $169m^2$，地下室每个通向下沉广场的防火分区的疏散门之间的距离不应小于 $13m$，直通地面的室外疏散楼梯的宽度不应小于每个通向下沉广场的防火分区的疏散门的总宽度。作为消防疏散的下沉广场，室外楼梯宽度可以被每个通向下沉广场的防火分区作为疏散宽度重复计算到各自防火分区需要的疏散宽度内（图 5-1-4～图 5-1-6）。

　　对于开敞式商业街两侧的商铺来说，建筑面积不大于 $120m^2$ 时只设置一个外门作为商铺的安全出口，但门开启后净宽须不小于 $1.4m$。

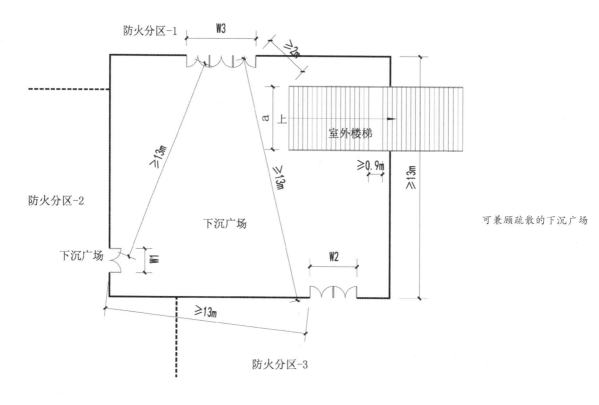

注：1. 下沉广场面积不小于 169m²；
2. a ≥ W3，且 a ≥ W2，且 a ≥ W1。

图 5-1-4　下沉广场平面示意图

图 5-1-5　成都鹭洲里主入口下沉广场

图 5-1-6　北京三里屯太古里北区下沉广场

5.1.3.2 疏散距离

表 5-1-4 建筑内疏散距离核定要求

直通疏散走道的房间疏散门至最近安全出口的直线距离

名称		位于两个安全出口之间的疏散门			位于袋形走道两侧或尽端的疏散门		
		一、二级	三级	四级	一、二级	三级	四级
歌舞娱乐放映游艺场所		25	20	15	9	—	—
商业	单、多层	40	35	25	22	20	15
	高层	40	—	—	20	—	—

注：
1. 建筑内开向敞开式外廊的房间疏散门至最近安全出口的直线距离可按上表的规定增加 5m；
2. 直通疏散走道的房间疏散门至最近开敞楼梯的直线距离，当房间位于两个楼梯间之间时，应按上表的规定减少 5m；当房间位于袋形走道两侧或尽端时，应按上表规定减少 2m；
3. 建筑内全部设置自动喷水灭火系统时，其安全疏散距离可按上表的规定增加 25%。房间内任一点至房间直通疏散走道的疏散门的直线距离，不应大于上表规定的袋形走道两侧或尽端的疏散门至最近安全出口的直线距离；
4. 歌舞娱乐放映游艺场所布置在地下（不应布置在地下二层及以下楼层）或四层（含四层）以上楼层时，一个厅、室的建筑面积不应大于 200m²。

一、二级耐火等级建筑内疏散门或安全出口不少于 2 个的观众厅、展览厅、多功能厅、餐厅、营业厅等，其室内任一点至最近疏散门或安全出口的直线距离不应大于 30m；当疏散门不能直通室外地面或疏散楼梯间时，应采用长度不大于 10m 的疏散走道通至最近的安全出口。当该场所设置自动喷水灭火系统时，室内任一点至最近安全出口的安全疏散距离可分别增加 25%（图 5-1-7）。

营业厅疏散距离核定要求

在实际项目设计中需要区别营业厅和普通商铺的概念，因为这两个概念对应的室内任一店至疏散楼梯的疏散距离有较大差异。可以肯定的是影院观众厅、超市、百货商店等类似大空间的功能业态是不能按表 5-1-4 中的数据设计的。对于满足仅需开设一个疏散门要求的连续排列的商铺可以按表 5-1-4 中数据控制疏散距离和合理安排疏散楼梯间。

对于二层或三层退台式设计的开敞式商业街，退台属于屋顶平台的属性，可作为疏散通道，但退台需要设计直接通地面的室外疏散楼梯，退台可作为亚安全区。新版消防规范中认可兼顾疏散的露台或外廊为安全出口（图 5-1-8、图 5-1-9）。要特别注意的是，在新版消防规范中没有特别要求屋顶平台疏散距离的条文。

另外，对规范中"直线距离"的测算，应考虑不能跨越固定隔墙，如分隔商铺的隔墙、玻璃隔断等，但测量疏散距离时可以不考虑可移动的家具、柜台等。

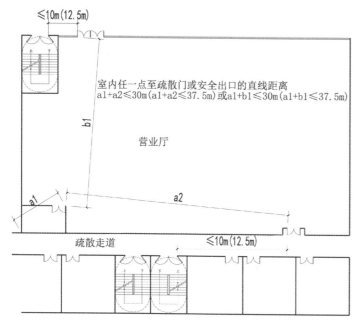

图 5-1-7 营业厅疏散距离平面示意图

图 5-1-8 上海星悦荟退台与连廊

图 5-1-9 成都远洋太古里屋顶平台

5.1.3.3 疏散宽度

公共建筑内疏散门和安全出口的净宽度不应小于 0.9m，疏散走道和疏散楼梯的净宽度不应小于 1.1m。《商店建筑设计规范》JGJ 48-2014 中对室内通道还有其他要求，即按内部作业通道最小 1.8m 净空考虑，结合消防疏散要求，建议商业的消防疏散通道的宽度按最小 1.9m 考虑，因为建筑装修后净宽应保证不小于 1.8m。需要注意的是，此通道不能作为顾客进入商店的主要通道，但可以结合后勤通道作为内部作业通道连接卫生间、疏散楼梯和货梯厅。

由于商业建筑的门一般都是按疏散门考虑的，门开启后净宽不应小于 1.4m，因此建议门洞宽按不小于 1.6m 考虑。

考虑消防疏散安全问题，疏散门不应设置门槛，且紧靠门口内外各 1.4m 范围内不应设置踏步。地面层建筑之间室外疏散通道的净宽度不应小于 3m，并应直接通向宽敞地带（图 5-1-10、图 5-1-11）。

室外疏散通道要求

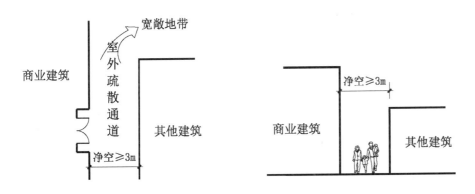

图 5-1-10 平面示意图　　　　　图 5-1-11 平面示意图

除室外消防专用梯净宽可以是 0.9m（坡度不应大于 45°）外，商业建筑疏散楼梯的净宽不应小于 1.4m。室内疏散楼梯踏步宽不小于 0.28m，高度不应大于 0.16m；室外疏散楼梯踏步宽不小于 0.3m，高度不应大于 0.15m。

商业区的疏散总宽度是通过计算得出的，需要考虑人员密度的核算（表 5-1-5、表 5-1-6）。

表 5-1-5　营业厅内的商业人员密度计算

楼层位置	地下第二层	地下第一层	地上第一、二层	地上第三层	地上第四层及以上各层
人员密度（人/m²）	0.56	0.6	0.43 ~ 0.60	0.39 ~ 0.54	0.3 ~ 0.42

表 5-1-6　商业区疏散宽度计算

每层的房间疏散门、安全出口、疏散走道和疏散楼梯的每 100 人最小疏散净宽度（m/ 百人）

建筑层数		建筑的耐火极限		
		一、二级	三级	四级
地上层数	1 ~ 2 层	0.65	0.75	1.00
	3 层	0.75	1.00	——
	≥ 4 层	1.00	1.25	——
地下层数	与地面出入口地面的高差 ΔH ≤ 10m	0.75	——	——
	与地面出入口地面的高差 ΔH > 10m	1.00	——	——

此表在新旧版规范中有很大区别，新版规范是以建筑总层数为基准的系数核算所有层疏散净宽度，并非按各楼层系数单独核算疏散净宽度。

以三层商业建筑为例，首层 5000m² 营业厅建筑面积，首层疏散总宽度计算为：

（5000×0.6×0.75）/100 = 22.50(m)(0.6 为最大人员密度)

对于歌舞娱乐放映游艺场所中录像厅、室的疏散宽度，其人员密度按不小于 1 人 /m² 计算；其他歌舞娱乐放映游艺场所的疏散宽度，则按厅、室的建筑面积人员密度不小于 0.5 人 /m² 计算。

对于建材商店、家具和灯饰展示的商业建筑，人员密度可按表 5-1-5 的 30% 核定。

对于商业后勤区，如库房、管理办公室或机电用房等设有独立疏散楼梯，与营业厅有严格防火分隔的区域，其区域面积可以不计算在商业计算疏散宽度、人员密度计算的面积基数内（图 5-1-12）。

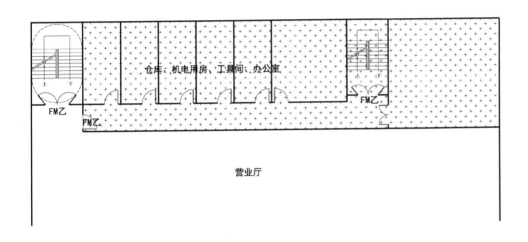

图 5-1-12　营业区内设有辅助用房平面示意图

以三层商业建筑为例，二层 5000m^2 建筑面积，按一个防火分区设计，其中商业辅助区 400m^2，营业厅 4600m^2，二层疏散总宽度计算为：

[(5000-400)×0.6×0.75]/100 = 20.70（m）（0.6 为最大人员密度）

在实际工程设计中，连续排列的商铺的公共通道，往往也是商业主动线，既是连接各商铺和顾客的主要通道，同时也是疏散通道，因此不仅要满足消防疏散要求，同时还要满足大量顾客的通行要求，特别是满足顾客消费体验的舒适性要求。在《商店建筑设计规范》中对公共通道最小净宽度也有明确要求。

因此，在设计中为顾客服务的公共主通道（商业主动线），在满足规范基本要求的前提下（表 5-1-7），还应结合主动线节点设计考虑加宽或放大，形成节点空间需要的停留、转折的空间尺度。

表 5-1-7   连续排列商铺间的公共通道最小净宽度

通道名称	最小净宽度（m）	备注
主要通道	4（3），并不小于通道长度的 1/10（1/15）	1. 括号内数字为公共通道仅一侧设铺面时的要求 2. 主要通道长度按其两端安全出口之间的距离算
次要通道	3（2）	
内部作业通道（按需要）	1.8	

商业的特殊业态如多厅影院等瞬间人流很大的观众厅内，疏散走道净宽度应按 0.6m/ 百人计算，并且不小于 1m。多厅影院区域疏散观众的所有内门、外门、楼梯、走道的各自总净宽度详见表 5-1-8。

表 5-1-8   厅堂疏散宽度系数

剧场、电影院、礼堂等场所每 100 人所需最小疏散净宽度（m/ 百人）				
观众厅座位数（座）			≤ 2500	≤ 1200
耐火极限			一、二级	三级
疏散部位	门和走道	平坡地面 阶梯地面	0.65 0.75	0.85 1.00
	楼梯		0.75	1.00

要特别强调的是，地下商业作为人员密集型场所，不管什么业态的功能，其最小疏散净宽度计算皆须按 1m/ 百人设计，不能折减。

5.1.3.4   疏散楼梯（间）

疏散楼梯间有多种形式，如室外楼梯、封闭楼梯间、开敞楼梯间、防烟楼梯间等（图 5-1-13）。开敞式商业街除与开敞式外廊直接相连的楼梯间外，均应采用封闭楼梯间。高层建筑下的商业疏散楼梯应按防烟楼梯间设计。

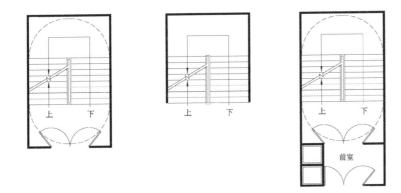

图 5-1-13　封闭楼梯间、开敞楼梯间、防烟楼梯间平面示意图

疏散楼梯也有多种形式，包括单跑楼梯、多跑楼梯、室外楼梯、剪刀楼梯（图 5-1-14）、消防室外专用梯（图 5-1-15）等。

剪刀楼梯作为疏散楼梯中的特殊形式需要特别关注，考虑到商业建筑楼梯踏步的高、宽尺寸限制，在商业建筑中剪刀楼梯最大层高不能大于 5.76m（5.76=0.16×18×2）。由于剪刀楼梯占用的平面面积较小，因此疏散楼梯按剪刀楼梯设计时可以提高营业区的面积使用率，但由于其特殊性，剪刀楼梯中的两部楼梯不应分别设计在两个防火分区内。

在高层建筑下按剪刀楼梯设计消防疏散楼梯时，要求非常严格。使用剪刀楼梯疏散的任一房间的疏散门至最近疏散楼梯间入口的距离不大于 10m，同时还应符合下列规定：楼梯间应为防烟楼梯间；梯段之间应设置耐火极限不低于 1.00h 的防火隔墙；楼梯间的前室应分别设置。

疏散楼梯间应尽量靠近外墙，以便在首层直通室外。建筑不超过 4 层时，楼梯间门可设在直通室外疏散门 15m 处。如果确有困难，可以在首层设计扩大封闭楼梯间或扩大防烟楼梯间，以便缩短楼梯间门至室外的疏散距离。

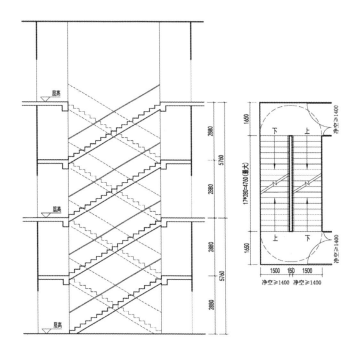

图 5-1-14 剪刀楼梯平面、剖面图

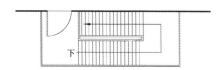

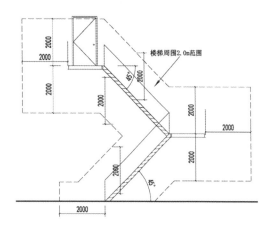

图 5-1-15 室外疏散楼梯平面、剖面图（消防室外专用梯，梯段 ≤ 45°）

按《建筑防烟排烟系统技术标准》GB 51251—2017 规定，每个封闭楼梯间的顶层高位须设 1m² 的外窗。

5.1.3.5 解决消防问题的特殊方法

地下商业规模大于 20 000m² 时，是不能与其他部分直接连通的，如果需要连通，采取特殊技术方案，如采用避难走道、防火隔间、下沉广场等空间进行连通。

从这点可以了解到，防火设计规范对地下商业的设置要求是非常严格的，换句话说地下商业火灾危险性要比地上商业大很多，因此地下商业的防火设计需要被特别重视。

●避难走道（图 5-1-16）

●防火隔间（图 5-1-17）

防火隔间及避难走道一般用于大型地下商业项目

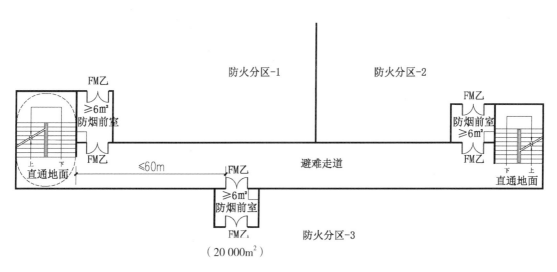

图 5-1-16　避难走道平面示意图

注：避难走道可同时作为开向避难走道的不同防火分区的安全出口。

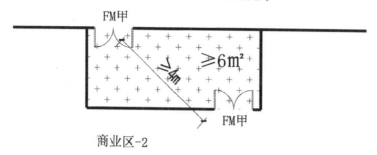

图 5-1-17   防火隔间平面示意图

注：防火隔间门不能作为安全出口。

5.1.3.6   其他

●救援窗

供消防救援人员进入建筑的窗口，其净高度和净宽度均不应小于 1m，下沿距室内地面不宜大于 1.2m，间距不宜大于 20m，且每个防火分区不应少于 2 个，设置位置应与消防车登高操作场地相对应。窗口的玻璃应易于破碎，并应设置可在室外易于识别的明显标志。

首层疏散用玻璃门外门可以作为救援窗

●防火卷帘

新消防规范对设置防火卷帘有明确要求，除中庭外，当防火分隔部位的宽度不大于 30m 时，防火卷帘的宽度不应大于 10m；当防火分隔部位的宽度大于 30m 时，防火卷帘的宽度不应大于该部位宽度的 1/3，且不应大于 20m。

需要注意，设置了防火卷帘后的防火分区，就不能借用其他防火分区内的疏散楼梯富余的疏散宽度，用于补足自身防火分区疏散宽度的不足。另外，曲线、折线的防火卷帘已经不允许使用了。

●消防电梯

高层商业建筑或埋深大于 10m 的地下室应设置消防电梯。

消防电梯前室不应作为疏散通道的一部分

消防电梯应分别设置在不同防火分区内，且每个防火分区不应少于 1 台。符合消防要求的客梯或货梯都可兼作消防电梯。

5.1.4　建筑消防排烟设计要点

在商业建筑设计中，防排烟设计主要是暖通专业的设计内容，分为自然排烟方式和机械排烟方式两种，而自然排烟方式就与建筑设计直接关联。对于开敞式商业街来说，由于建筑外墙面积一般较大，所以尽可能采用自然排烟方式解决消防排烟的问题。

商店自然排烟

商业建筑内消防排烟如果采用自然防烟设施，那么可以利用房间外墙高位开窗作为自然排烟窗口，自然排烟窗口须在防烟分区的储烟仓内，自然排烟窗口面积不小于房间面积的 2%。计算时要特别注意疏散外门不能计入排烟口面积。

防烟分区内任一点与最近的自然排烟窗口之间的水平距离不应大于 30m。

在开敞式商业街设计中，对于直接对外的商铺，应尽可能在外墙上开设自然排烟窗，因为机械排烟不仅需要有一套设备，而且按《建筑防烟排烟系统技术标准》 GB 51251-2017 要求，需要增设排烟机房，会占用商铺的有效面积，降低商业出租面积的比例。需要注意的是，疏散外门不可以作为自然排烟口。

5.2 商店设计要点

商业建筑设计与其他类型的公共建筑有许多不同，设计不仅要满足基本功能和设计规范、标准的要求，同时一定要考虑消费者的体验感受，要尽可能让消费者在商业环境中更为方便、更为舒适。

5.2.1 无障碍设计要点

对于商业建筑来说，全方位的无障碍设计是最被提倡的，出入口、通道、卫生间、电梯等与顾客关联的区域是必须满足无障碍要求的。

● 建筑出入口

商业建筑需要充分考虑顾客的体验，在顾客出入口的部位建议全部按平坡入口设计，坡度建议在 1 ∶ 20 ～ 1 ∶ 30。在实际工程中为防止雨水进入室内，可以增大室外场地的坡度以便更好地排放雨水，并在入口处增设截水沟（图 5-2-1）。

美观、实用的条形排水沟

图 5-2-1　上海尚悦街、环球金融中心地面条形排水沟及防腐木地板架空排水

● 无障碍卫生间

　　商业区的公共卫生间需要考虑无障碍设施。可以在男女卫生间内设置无障碍厕位，也可以设计独立的无障碍专用卫生间，或者结合"第三卫生间"设计。需要注意的是，通往卫生间的通道和卫生间门口内外，要留有净空不小于 1.5m 的回转空间用于轮椅回转（图 5-2-2 ～图 5-2-4）。

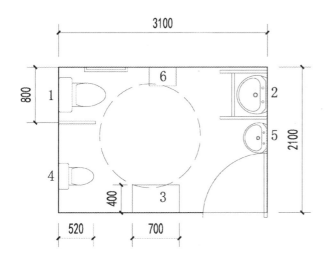

1 成人坐便器
2 成人洗手盆
3 可折叠多功能台
4 儿童坐便器
5 儿童洗手盆
6 可折叠儿童安全座椅

图 5-2-2　第三卫生间平面

图 5-2-3　日本第三卫生间案例

图 5-2-4　日本第三卫生间外部标识案例

● 无障碍电梯

　　二层及二层以上的商业建筑公共空间都须考虑无障碍通行，无障碍电梯是解决垂直交通无障碍的最好方式。《无障碍设计规范》GB 50763-2012 规定，无障碍电梯轿厢净空尺寸不应小于 1.4m（宽度）×1.1m（深度），电梯门洞净宽不宜小于 0.9m，电梯厅深度不小于 1.8m。一般 1t 电梯就可满足无障碍电梯的最低标准，但在实际工程中建议按不低于 1.35t 电梯考虑，以便确保顾客的舒适体验。

5.2.2　公共卫生间设计要点

消费者对商业环境中公共卫生间的评价，特别是女性消费者，很多都关系到她们对商业的满意度。因此建筑师在设计商业项目时，要关注公共卫生间的设计，不能将卫生间设计作为纯附属的设施而忽视它的重要性。

从日本卫生设施专业公司 TOTO 所做的针对女性的一项调研中可以看出，商业设施中公共卫生间的舒适度会影响 80% 以上的女性对商业设施的选择（图 5-2-5）。而女性又是消费群体的主体人群，因此公共卫生间的舒适度会直接影响消费者对商业的满意度。

商业建筑公共卫生间设计标准须符合《城市公共厕所设计标准》CJJ 14—2016 国家标准。

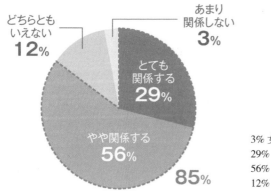

3% 女性认为完全没有影响
29% 女性认为非常有影响
56% 女性认为有一定影响
12% 女性认为无所谓

图 5-2-5　商业卫生间对女性选择商业设施的影响调研图（图片来源：TOTO 株式会社，"TOTO パブリックトイレ・洗面ブック"）

5.2.2.1　附属式卫生间分类

◆ 一类卫生间：大型商业、综合性商业大楼内，为高档；

◆ 二类卫生间：一般商场（含超市）内，为中档。

注：附属式卫生间是指建设在商业建筑内的公共卫生间。在《商店建筑设计规范》JGJ 48-2014 中，超过 20 000m² 的商业建筑就可认为是大型商业。

营业区公共卫生间

5.2.2.2　平面设计要点

◆ 大门应能双向开启；

◆ 宜将大便间、小便间、洗手间分区设置；

◆ 厕所内应分设男、女通道，在男、女进门处应设视线屏蔽；

◆ 当男、女厕所厕位分别超过20个时，应设双出入口；

◆ 每个大便器应有一个独立的厕位间。

公共卫生间的附近应设标有公共卫生间标识、方向的指示牌，最好是有距离信息的指示牌。

在实际工程中，考虑到首层的商业价值较大，可以将卫生间设置在二层或地下一层，但需要设有方便的垂直交通。公共卫生间应与无障碍卫生间或第三卫生间成组设置，并需要满足《无障碍设计规范》GB 50763-2012，可按80m左右距离设置一组公共卫生间。对于女性卫生间，如有可能可以设置更多服务于女性需求的专项设施，如单独的化妆区等。在商业建筑中体现更多的对女性和儿童的关怀，对于吸引这些消费群体来说有着非常积极的作用。

5.2.2.3　厕位数量计算

在卫生洁具数量的计算中，考虑女性使用卫生间的时间较男性长，因此卫生洁具数量的计算尽可能按上限考虑（表 5-2-1～表 5-2-3）。

考虑到商业建筑中顾客经常购物后手提商品，因此卫生间厕位尺寸设计不宜过小，建议厕位尺寸不小于 1.5m×1.0m，门内开，同时厕位隔间内应考虑设置挂钩或放置物品的台面（图 5-2-6）。

表5-2-1　商场、超市和商业街卫生间厕位数量计算方法

商场、超市和商业街公共卫生间厕位数

购物面积（m²）	男厕位（个）	女厕位（个）
500 以下	1	2
501 ~ 1000	2	4
1001 ~ 2000	3	6
2001 ~ 4000	5	10
≥ 4000	每增加2000m²，男厕所增加2个，女厕所增加4个	
男厕中每个小便斗也按厕位计算		

表 5-2-2　餐饮场所卫生间厕位数量计算方法

饭馆、咖啡店、小吃店和快餐店等餐饮场所公共卫生间厕位数

设施	男	女
厕位	50 座位以下设1个；100 座位以下设2个；超过100座位每增加100座位增设1个	50 座位以下设2个；100 座位以下设3个；超过100座位每增加65座位增设1个

表 5-2-3　公共卫生间洗手盆数量设置要求

洗手盆数量设置要求

厕位数（个）	洗手盆数	备注
4 以下	1个	男女厕位宜分别计算,分别设置；当女厕所洗手盆 $n ≥ 5$ 时,实际设置数可 $N=0.8n$
5 ~ 8	2个	4
9 ~ 21	每增4厕位增设1个	6
22 以上	每增5厕位增设1个	10

现在越来越多的优秀商业项目设计中，都特别重视卫生间的设计，这些卫生间设计同样可以给顾客提供良好的体验感，提高人们对商业购物环境的满意度（图 5-2-7、图 5-2-8）。

公共卫生间应该有更多的人性化设计

图 5-2-6　卫生间置物台（图片来源：TOTO 株式会社，"TOTO パブリックトイレ・洗面ブック"）

图 5-2-7　日本新宿 NEWoMan 卫生间

图 5-2-8　日本冈山永旺梦乐城化妆品层女厕

5.2.3　卸货区设计要点

对于商业建筑来说，货流是必不可少的，而考虑货流中卸货区是重要节点，卸货区应设计在比较隐蔽的位置，避免与顾客流线交叉。从经济性考虑，实际项目中为节省用地，大部分卸货区都设置在地下一层，并且与地下车库相结合。

设于地下的卸货区，需要注意下至地下卸货区的坡道的坡度、净高和转弯半径。直线坡道坡度不大于10%，弧线坡道坡度不大于10%，净高不小于2.4m，一般按2.7m净高考虑较好，转弯半径不小于8m。

卸货区的货车数量考虑可参照英国BCSC商业中心导则的建议，9000m²建筑面积设5.5～6.5辆货车（表5-2-4），国内项目往往数量会少一些，卸货区至最远商店不宜超过100m。

表 5-2-4　货车及卸货平台规格		
加长货车载重（t）	车位尺寸（m）	卸货区进深 L（m）
2	5800×2000	> 10
4	8000×2200	> 15.5
8	11 000×2500	> 19
10	12 000×2200	> 23

卸货平台可按0.8～1.1m高考虑（图5-2-9），不小于2～3m进深的卸货平台，卸货平台的一端设有不大于10%的坡道，卸货平台应尽可能靠近主力店的货梯间。每部商业货梯载重一般建议不小于2t，门宽1.8m，电梯速度较低，在0.5～0.8m/s之间。建议集中垃圾暂存间靠近卸货区设置，以便垃圾暂存和转运方便，尽可能不影响其他功能区（图5-2-10）。

对于开敞式商业街来说，往往是由多栋建筑组成的，因此每栋建筑应考虑设置独立的货梯。如果有餐饮需求，应考虑设置2部电梯，分别运食品和垃圾（图5-2-11）。

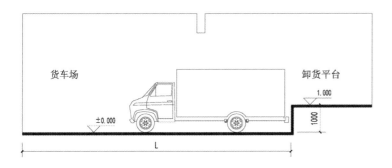

图5-2-9　卸货区剖面示意图（一）

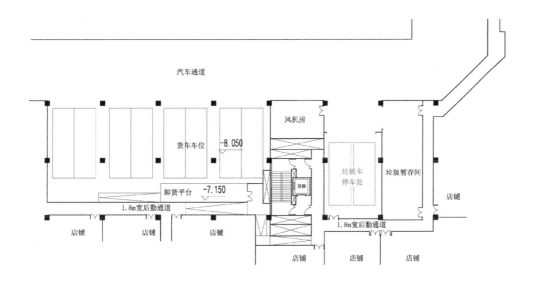

图5-2-10　卸货区剖面示意图（二）

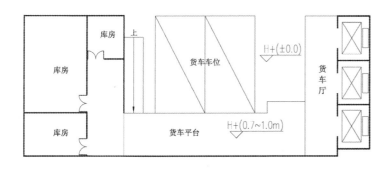

图5-2-11　卸货区平面示意图

5.2.4　预设餐饮条件设计要点

当今，商业建筑设计中餐饮业态不可或缺，并且在商业项目中占比越来越大，很多项目餐饮比例超过了50%，而在设计阶段餐饮预留条件中厨房面积的预留经常遇到困难。厨房面积的预估与餐饮规模、餐饮性质等因素有关，但在设计初期无法准确判断，未来餐饮规模、餐饮性质也会出现调整和改变。

其实，在实际项目设计中，对未来影响最大的是厨房操作间的通风和排油烟条件预留，这是需要重点解决的问题。

通过表5-2-5和表5-2-6基本可以预估厨房面积的大小，这样有助于建筑师在设计阶段考虑商业平面的布局。对于使用半成品加工的餐饮，厨房区域和食品库房面积之和可以适当减小。

建筑师与暖通工程师配合时，要给暖通工程师提供厨房区域操作间的面积条件，以便暖通工程师计算操作间的排油烟和补风量。如果设计阶段须考虑预留未来餐饮条件，以便适应未来不同的餐饮种类的需要，那么操作间的面积可以按不少于30%的厨房区域和食品库房面积之和的面积比例考虑。

以使用面积200m^{2}的小型餐馆为例，预估用餐区域面积为133m^2，预估操作间的面积为20m^2。

新建餐饮场所与周边环境敏感建筑的距离不少于9m。对于厨房排油烟系统，建筑师需要考虑排油烟管道应在公共区域，尽可能不要穿越其他商铺，并且油烟应在屋顶高空排放，排烟口应远离住宅等敏感建筑，一般要求距离不小于20m，烟管高度应高出餐饮场所所在建筑物及四周20m范围内的建筑物1.5m。

对于未来餐饮的需求，在设计初期还要考虑上下水的预留点位，更重要的是需要考虑未来厨房区域需要设置排水沟的要求。设置排水沟一般考虑在结构楼板上预留500mm左右厚的建筑做法，可以考虑结构楼板局部降板设计，建筑师需要考虑这种做法是否会影响下层使用空间的净高。如果厨房区域层高允许，也可以考虑未来在结构楼板上垫起500mm厚来满足设置排水沟的要求，这种做法会出现台阶，以便解决高差。

餐饮预留厨房条件

表5-2-5　餐馆、快餐店、饮品店的规模

建筑规模	建筑面积（㎡）或用餐区座位数（座）
特大型	面积 > 3000 或座位数 > 1000
大型	500 < 面积 ≤ 3000 或 250 < 座位数 ≤ 1000
中型	150 < 面积 ≤ 500 或 75 < 座位数 ≤ 250
小型	面积 ≤ 150 或座位数 ≤ 75

注：表中面积包括用餐区、厨房区域和辅助区域

表5-2-6　厨房区域和食品库房面积之和与用餐区域面积之比

分类	建筑规模	厨房区域和食品库房面积之和与用餐区域面积之比
餐馆	小型	≥ 1：2
	中型	≥ 1：2.2
	大型	≥ 1：2.5
	特大型	≥ 1：3
快餐店、饮品店	小型	≥ 1：2.5
	中型及以上	≥ 1：3

注：表中面积为使用面积

5.3 环境设计要点

环境设计包括标识、景观、艺术小品、泛光照明等，它们都是开敞式商业街不可或缺的一部分，它们在商业环境中虽然是配角，但他们的优劣直接关系到顾客在商业环境里活动的直观体验。虽然这些设计主要由专业设计公司负责配合完成，但作为建筑师应具有把控的能力，了解这些系统设计的基本要求，使得项目具有完整的良好效果。

5.3.1 标识设计要点

标识是开敞式商业街设计必不可少的一部分，标识的清晰度、准确性及个性化直接关系到顾客在开敞式商业街里活动的体验感。作为建筑师应了解标识系统，把控标识设计的风格是否与商业建筑设计相匹配，位置是否对商业动线产生障碍。

公共建筑标识设计应符合《公共建筑标识系统技术规范》GB/T 51223—2017，总体设置要求应遵循"适用、安全、协调、通用"的基本原则（表 5-3-1 ~ 表 5-3-3）。

表 5-3-1　公共建筑标识系统分类

分类方式	标识系统类别
所在空间的位置	室外空间标识系统、导入 / 导出空间标识系统、交通空间标识系统、核心功能空间标识系统、辅助功能空间标识系统
使用对象	人行导向标识系统、车行导向标识系统
构成形式	点状式标识系统、线状式标识系统、枝状式标识系统、环状式标识系统、复合式标识系统

表 5-3-2 公共建筑标识分类

分类方式	标识类别
传递信息的属性	引导类标识、识别类标识、定位类标识、说明类标识、限制类标识
标识本体设置安装方式	附着式标识、吊挂式标识、悬挑式标识、落地式标识、移动式标识、嵌入式标识
显示方式	静态标识、动态标识
感知方式	视觉标识、听觉标识、触觉标识、感应标识、交互标识
设置时效	长期性标识、临时性标识

表 5-3-3 导向标识系统构成及功能

分类方式		功能	设置范围
通行导向标识系统	人行导向标识系统	引导使用者进入、离开及转换公共建筑区域空间	临近公共建筑的道路、道路平面交叉口、公共交通设施至公共建筑的空间，以及公共建筑附近的城市规划建筑红线内外区域及地面出入口、内部交通空间等
	车行导向标识系统		
服务导向标识系统		引导使用者利用公共建筑服务功能	公共建筑所有使用空间
应急导向标识系统		在突发事件下引导使用者应急疏散	公共建筑所有使用空间

需要注意的是，标识的空间位置应当在视平线向上 15° 夹角内；静态观察时，最大偏移角不超过 15°，动态观察即人的头部转动情况下，不宜超过 45°。人行范围内悬挑式标识下皮距地不小于 2.2m，吊挂式标识下皮距地不小于 2.5m。建筑面积大于 20 000m² 的开敞式商业街宜设置交互式标识系统。

大型开敞式商业街区，由于规模较大、动线复杂，为了方便顾客，提升体验的品质，建议设交互标识系统。

另外，设计大型开敞式商业街建筑时不能忘记无障碍标识设计，无障碍标识一般体现在触觉标识系统设计和听觉标识系统设计中。无障碍标识系统应在出入口、电梯、楼梯、轮椅坡道、无障碍卫生间等位置设置，听觉标识系统一般是与触觉标识系统结合设置。

公共建筑标识虽然有 5 类，但在实际工程中往往是复合使用，有可能某个标识版面有多个类别的不同内容，比如，一个标识版面经常含有引导、定位、限制类标识，也有一些标识版面含有静态、动态的标识，因此公共标识的具体设计需由专业设计师根据项目特点、环境要求、功能需求、艺术表达等因素综合考虑完成（图 5-3-1）。

对于标识的位置需要考虑人的视线与标识位置、尺度的相对关系，不仅要考虑标识的强可视性，同时也要注意标识的位置不能对商业动线产生障碍。图 5-3-2 是表明标识与人的视线的关系简图，这些一般性参数可以作为建筑师在开敞式商业街建筑设计时的参考。

标识中还有一个重点就是设置"街名"的位置，巧妙的布局设计既可以让人一目了然，传递准确信息，又可以体现出整个商业街的品质和理念，将街名融于整个项目中，还可以体现开发者或经营者的企业形象（图 5-3-3）。

街名标识一般可以结合建筑统一设计，也可以与景观结合，还可以用精神堡垒体现。通常街名标识应该在开敞式商业街的主出入口空间体现。

图 5-3-1　北京三里屯太古里、成都远洋太古里、上海星悦荟，以及日本的南町田 Grandberry Park 商业和宫下公园商业标识

基本设置形式

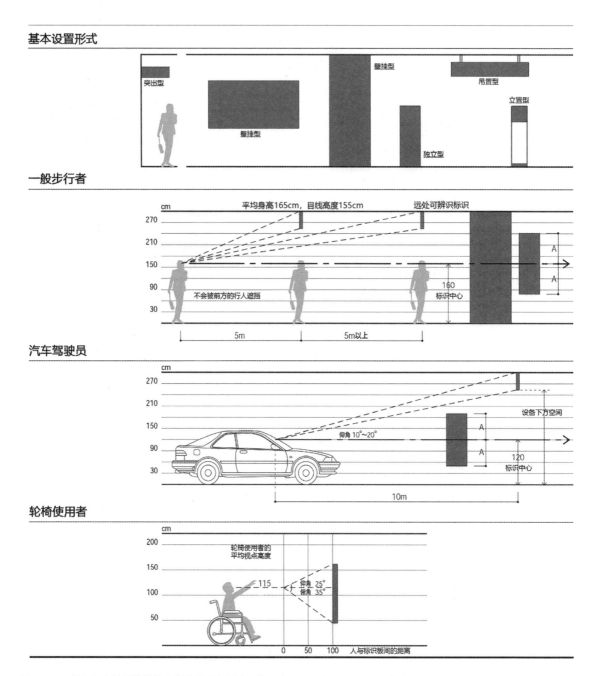

一般步行者

汽车驾驶员

轮椅使用者

图 5-3-2 标识与人的视线的关系简图 (图片来源:《サインデザインマニュアル》)

日本宫下公园

上海幸福里

成都太古里

成都鹭洲里

北京三里屯太古里

重庆弹子石老街

图 5-3-3　街名、标识与景观、建筑、精神堡垒的融合

5.3.2 广告设计要点

开敞式商业街的广告形式多种多样，同时也在不断地推陈出新，一般表现为独立广告、附墙广告、屋顶广告等，在形式上可以是灯箱、电子屏幕、投影、条幅等。这些广告总体来说属于 POP 广告（point of purchase advertising），就是为商业销售营造多维立体的商业服务环境和氛围，有效地刺激顾客的潜在购买欲，促成最终购买。对于开敞式商业街来说，每个店铺都会要求有自己的店招，每个主力店或精品店还有可能需要独立的广告位，因此在建筑设计中要适当考虑和预留广告位。

建筑师尤其要关注与建筑主体有关的广告位，如店招、建筑外墙广告、屋顶广告等。如果在建筑设计阶段没有控制好广告位的设计，包括结构荷载、电量的预留，那么在运营阶段后期设置的广告位有可能对建筑形象影响很大，还有可能对主体建筑外墙等产生严重的破坏性影响。

新建开敞式商业街商店可利用自身对外玻璃幕墙直接设计广告

●门头店招

门头店招（图 5-3-4）一般要设于店面出入口上方，内容通常表达标识、品牌名称、经营内容等。有些知名连锁品牌对自己的店招也有明确统一的要求。

图 5-3-4　成都远洋太古里门头店招

● 悬挂店招

　　悬挂店招（图 5-3-5、图 5-3-6），一般是沿着商业界面、人行步道、建筑外墙悬挂并多次重复的店招，有方形、圆形等不同形式，是双面展示。这种店招可以起到一定的商业品牌广告作用，加深顾客对产品的认知度，同时重复的节奏又可起到导向作用，在夜间还可以给步道照明，渲染商业气氛。但要注意这种店招在人行范围内下皮距地不能小于 2.5m。

图 5-3-5　成都远洋太古里悬挂店招

图 5-3-6　上海幸福里悬挂店招

● 建筑外墙广告

　　建筑外墙广告，对于开敞式商业街来说，每个商铺都渴望有独立的沿街建筑室外界面，每家商店都希望有更大的商业界面做自己产品的广告，可以直接面向顾客、吸引顾客，因此外墙商业界面对于商铺就显得极其珍贵。

　　外墙广告面积一般较大，有 LED 大屏幕（图 5-3-7～图 5-3-9），也有灯箱（图 5-3-10～图 5-3-13），位置一般选在可视性强的位置，如开敞式商街的出入口区域、商业动线节点、广场、建筑转角位置，并且一般都位于建筑高处。这种广告形式不仅要起到宣传品牌产品信息的作用，还要考虑对开敞式商业街动线的引导作用，同时要起到渲染商业氛围的作用。当然那些主力店的商家也会在自身建筑商业界面的位置设置外墙广告，强化自身品牌产品的宣传力度。

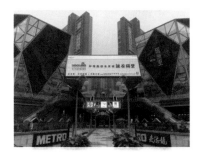

图 5-3-7　成都鹭洲里主入口 LED 屏

图 5-3-8　日本南町田 Grandberry Park 影院主入口 LED 屏

图 5-3-9　北京三里屯太古里主入口 LED 屏

图 5-3-10　北京三里屯太古里北入口广告

图 5-3-11　北京三里屯太古里灯箱广告

图 5-3-12 成都远洋太古里外墙广告　　　　　图 5-3-13 上海月亮湾主入口外墙广告

如选择 LED 大屏幕，要注意屏幕灯源 LED 的特性。高质量的 LED 屏幕水平可视角可达到 160°，垂直视角可达到 50°，但是 LED 屏在没有放映时是一面黑屏，并不美观。

5.3.3 环境景观和艺术小品设计要点

对于开敞式商业街，环境景观和艺术小品是提升商业环境的重要因素，在建筑设计中应同时考虑，成功的、优秀的开敞式商业街无一例外地都配有优秀的环境景观和艺术小品设计。而且有些项目已经起名叫"XX PARK"，因为"PARK"在人们的心目中是一个开放体验的场所，这正与开敞式商业街希望提供给顾客的环境相似，可见环境景观和艺术小品在商业项目中的重要性。因此，对于设计开敞式商业街的建筑师来说，环境景观和艺术小品已经不再是景观设计师和艺术家的事，而是成功设计开敞式商业街不可或缺的一部分。建筑师应该与景观设计师和艺术家密切配合，将建筑、环境景观、艺术小品综合考虑，甚至作为半个景观师、半个艺术家，共同创造出一个激动人心的商业场所，给顾客提供一个独特的体验空间场所。

景观提升商业环境品质

景观设计包括了景观硬化设计和软化设计，并可配以声、光、气、味等看不见的要素。硬化设计一般指道路、广场的硬质铺地的设计，软化设计一般指种植、水、雾等设计。

●景观要为强化商业动线的体验感服务

　　开敞式商业街设计经常利用与众不同的图案、不同的材质、
水系、绿植、光带等强化商业动线，同时提升顾客在商业动线
中活动的体验感和空间的层次感（图5-3-14～图5-3-18）。

图 5-3-14　上海瑞虹天地月亮湾主动线景观

图 5-3-15　日本 Green Springs 平台花园　　　　　　　　图 5-3-16　广州天环广场不同材质步道

图 5-3-17　上海幸福里景观　　　　　　　　　　　　图 5-3-18　日本南町田 Grandberry Park 主入口

●景观要为商业空间色彩丰富度提供服务

　　开敞式商业街设计与内向型的购物中心不同，在室外环境下可利用植物自然生长的变化，特别是植物四季中的色彩和落叶的变化，提升开敞式商业街色彩的丰富度，使街中的植物景观也成为顾客期待观赏的风景，如枫叶、樱花等，同时也为夜晚商业街的彩灯设置提供了可能（图 5-3-19、图 5-3-20）。

图 5-3-19　上海新天地灯光夜景

图 5-3-20　日本南町田 Grandberry Park 灯光夜景

●景观要为商业节点空间聚集人气的戏剧化场景服务

　　开敞式商业街中的动线节点往往设计成停留空间形态，特别是主节点更多地被设计成广场形态，是开敞式商业街中最开阔的位置，在这里经常会举办各种大型活动聚集人气，而平时也给城市的人们提供一个开放的公共活动场所。在广场上设置动态喷泉是景观设计最常用的手法，动态喷泉可结合音乐、灯光等，在白天或夜晚创造出变化多样的戏剧化场景，活跃广场的气氛，提供儿童娱乐的互动场所，给商业空间带来灵气（图5-3-21～图5-2-25）。

图 5-3-21　北京三里屯太古里主广场旱喷泉

图 5-3-22　日本 Green Springs 跌水

图 5-3-23　上海幸福里喷泉

图 5-3-24　美国 Via Rodeo 街出入口水景

图 5-3-25　好莱坞高地中心广场旱喷泉

● 景观要为商业空间与城市空间有机衔接服务

　　由于开敞式商业街是由多个建筑组成的，建筑之间的空间与周边城市环境自然连通，景观作为空间与建筑之间的过渡，要将建筑与城市空间有机结合成一个整体，使城市景观与商业景观相互融合（图 5-3-26、图 5-3-27）。

● 景观要为调节商业建筑之间的空间尺度服务

　　在开敞式商业街中经常出现商业动线上的建筑和空间的高与宽比例较大，有时是建筑较高，有时是广场宽度较大，景观种植可以缓解人们对空间尺度的不舒适感。景观种植可以是软化空间划分的工具，也可以弱化建筑僵硬的实体轮廓，丰富空间的边界，对空间起到隔而非隔、透而非透、变而不变、有形而无形的作用（图 5-3-28、图 5-3-29）。

图 5-3-26　日本宫下公园商业入口

图 5-3-27　日本南町田 Grandberry Park 城市公园主入口

图 5-3-28　日本南町田 Grandberry Park

图 5-3-29　北京三里屯太古里景观与动线空间

●景观要为提升商业建筑之间的空间品质服务

　　在开敞式商业街设计中，优秀的、有创意的景观设计会对
提升室外空间品质有极大的帮助。将有创意的景观融入开敞式
商业街，可以让消费者在商业环境中体验到独具特色的景观设
计，不仅让商业空间更为亲切、更为精细，同时将休闲、娱乐
融于商业之中，使硬质的商业建筑空间得到适度的软化，使得
建筑空间更具有生命力（图 5-3-30～图 5-3-33）。

图 5-3-30　成都远洋太古里景观带

图 5-3-31　日本 Green Springs 中心花园

图 5-3-32　上海新天地入口景观

图 5-3-33　日本宫下公园商业竖向景观绿化

● 艺术小品应起到画龙点睛的作用

　　在开敞式商业街中，优秀的艺术小品可激发顾客的想象力，引发人们对小品背后故事的联想，从而增加人们在商业环境中更为丰富的体验感，也会提升商业环境的品位，强化消费者对个性化商业环境的记忆。由此，可以延长人们在此商业环境中的停留时间，给人们反复回访提供更多的期许，从而产生更多的消费机会（图 5-3-34 ~ 图 5-3-37）。

图 5-3-34　重庆弹子石老街入口石柱

图 5-3-35　日本 Green Springs 屋顶花园艺术雕塑

图 5-3-36　日本南町田 Grandberry Park 商业街主力店小品

图 5-3-37　美国 Via Rodeo 外街心艺术雕塑

●艺术小品应起到提高商业空间情趣的作用

　　艺术是需要被人欣赏的，开敞式商业街中的艺术小品是为商业空间服务的，在艺术欣赏之外往往带有情趣色彩，让人感受到轻松和愉悦，产生超出现实的联想，将艺术植入人们的生活当中。

艺术的魅力可在商业环境中得到释放

　　开敞式商业街中的艺术小品也不是一成不变的，可以随着时间的推移、商业街中经营的变化、主题活动的举办等因素而改变。因此，艺术小品可以是永久的，也可以是阶段性的展示。更换艺术小品还可以不断地刺激消费者，使其感受不断变化中的商业环境，得到持续的商业体验（图5-3-38～图5-3-41）。

图5-3-38　成都远洋太古里艺术小品

图5-3-39　北京三里屯太古里
艺术小品

图5-3-40　日本宫下公园
商业主入口的卡通狗

图5-3-41　日本宫下公园商业屋顶花园的忠
犬八公雕塑

● 艺术小品应起到增强空间可识别性的作用

很多开敞式商业街中的艺术小品，由于独具特色已经成为商业街强识别性的标识，成为人们辨识商业街的重要特征之一，人们在记住艺术小品的同时也将商业街铭记在心（图 5-3-42、图 5-3-43）。

图 5-3-42　上海月亮湾金属立人雕塑　　　图 5-3-43　好莱坞高地中心的白象

5.3.4　历史遗存

有些开敞式商业街区域内有历史遗存，对于商街来说，这是非常珍贵的环境景观资源，必须充分利用好。这些历史遗存或是被整修，或是被重建，或是延续历史建筑形式的遗风，每个历史遗存都是唯一的景观资源，都可以成为亮丽的风景线。它们不仅延续了城市的文脉，唤起人们对历史的记忆，而且也可以成为城市旅游目的地之一，吸引更多的顾客和游客，增加商业的服务半径，大大地提升了商业的价值（图 5-3-44～图 5-3-47）。

城市文脉通过历史遗存得到利用和传承

图 5-3-44 重庆弹子石老街基督教堂复原

图 5-3-45 成都远洋太古里的遗存建筑

图 5-3-46 上海新天地石库门建筑遗风

图 5-3-47 杭州湖滨商业街思鑫坊建筑遗风

● 参考文献

[1] Chuihua Judy Chung. Jeffrey Inaba. Rem Koolhaas. Sze Tsung Leong. The Harvard Guide to Shopping [M]. Taschen, 2001.

[2] Peter Coleman. Shopping Environments [M]. Elsevier, 2006.

[3] 芦原义信. 外部空间设计 [M]. 尹培桐, 译. 北京: 中国建筑工业出版社, 1985.

[4] 芦原义信. 街道的美学 [M]. 尹培桐, 译. 天津: 百花文艺出版社, 2006.

[5] 丁玉兰. 人机工程学 [M]. 4 版. 北京: 北京理工大学出版社, 2011.

[6] 周洁. 商业建筑设计 [M]. 2 版. 北京: 机械工业出版社, 2015.

[7] 张文忠. 公共建筑设计原理 [M]. 4 版. 北京: 中国建筑工业出版社, 2008.

[8] 扬·盖尔. 交往与空间 [M]. 何人可, 译. 4 版. 北京: 中国建筑工业出版社, 2002.

[9] 彭一刚. 建筑空间组合论 [M]. 3 版. 北京: 中国建筑工业出版社, 2008.

[10] Robert J. Gibbs. Principles of Urban Retail Planning and Development [M]. USA: John Wiley & Sons, Incorporated,2012

[11] TOTO 株式会社. TOTO パブリックトイレ·洗面ブック [R]. 2019.

[12] 大手町・丸の内・有楽町地区再開発計画推進協議会. サインデザインマニュアル [R]. 2008.

[13] 中华人民共和国国家质量监督检验检疫总局, 中国国家标准化管理委员会. 零售业态分类 GB/T 18106-2004[S]. 北京: 中国标准出版社, 2004.

[14] 中华人民共和国建设部. 电影院建筑设计规范 JGJ 58-2008[S]. 北京: 中国建筑工业出版社, 2008.

[15] 中华人民共和国住房和城乡建设部. 建筑工程建筑面积计算规范 GB/T 50353-2013[S]. 北京: 中国计划出版社, 2014.

[16] 中华人民共和国公安部. 建筑防烟排烟系统技术标准 GB 51251-2017[S]. 北京: 中国计划出版社, 2018.

[17] 中华人民共和国住房和城乡建设部.无障碍设计规范 GB 50763-2012[S].北京:中国建筑工业出版社,2012.

[18] 北京市环境卫生设计科学研究院.城市公共厕所设计标准 CJJ 14-2016[S].北京:中国建筑工业出版社,2016.

[19] 上海市政工程设计研究总院(集团)有限公司.公共建筑标识系统技术规范 GB/T 51223-2017[S].北京:中国计划出版社,2017.

[20] 中华人民共和国住房和城乡建设部.建筑设计防火规范 GB 50016-2014(2018 版)[S].北京:中国计划出版社,2018.

[21] 中华人民共和国住房和城乡建设部.商店建筑设计规范 JGJ 48-2014[S].北京:中国建筑工业出版社,2014.

[22] 普华永道.2017 年全零售——中国零售业:智慧开启未来 [R]. 2017.

[23] 普华永道.全球消费者洞察调研 2018(中国报告)[R]. 2018.

[24] 普华永道.2017 年全零售——建设未来:零售商的十大投资领域 [R]. 2017.